Ein Welpe kommt ins Haus

Los, spiel mit mir!

Der kleine Springer Spaniel hüpft um den Wuschelhund herum und bellt. Dabei zieht er allerhand Grimassen, er macht ein „Spielgesicht", um den Kumpel zum Spielen aufzufordern.

Huch, was ist das?

Als typischer „Wasserhund" wird der junge Labrador nicht lange zögern. Kleine Hunde müssen in den ersten Lebensmonaten noch allerhand kennen lernen, um im späteren Hundeleben ihrer Umwelt sicher zu begegnen.

Hundemüde

Welpen werden ganz plötzlich hundemüde. Sie brauchen auch viel Schlaf, um die ganzen Eindrücke zu verarbeiten und neue Energien für neue Taten zu sammeln.

Geruchskontrolle

Die beiden Erwachsenen nehmen den Welpen unter die Lupe. Das ist ihm ziemlich unheimlich und er macht sich klein und lässt die Rute hängen.

Fang mich!

Zu den beliebtesten Hundespielen gehört Fangen. Einer rast los, der andere nimmt die Verfolgung auf. Hat er ihn, wird ein wenig gebalgt und dann geht es wieder los, manchmal in umgekehrter Reihenfolge.

Jipieh, spazieren gehen!

Welpen sind noch ziemlich ungestüm, wenn sie sich freuen. Da wird gehüpft, gezogen und gezerrt. Achten Sie darauf, dass sich Ihr Welpe nicht übernimmt, denn seine Gelenke vertragen weniger Aktivität, als er gern möchte.

Klein mit Hut

Die Begutachtung wird intensiviert. Der Kleine legt sich auf den Rücken, zeigt seinen Bauch und signalisiert so seine Unterlegenheit. Der erwachsene Hund wird gleich von ihm ablassen, wenn er den Umgang mit Welpen gewöhnt ist.

Nicht zu fest

Welpen lernen auch im Spiel, wie stark sie ihre Zähne einsetzen dürfen. Beißen sie zu kräftig, jault der Gebissene auf und wehrt sich oder hat keine Lust mehr zum Spielen. Beim nächsten Mal wird vorsichtiger gezwickt.

Ausgrabungen

Hunde sind große Buddel-Fans. Mauselöcher und Maulwurfshügel laden zu größeren Ausgrabungen ein und es wird gewühlt, was das Zeug hält. Mit etwas Glück stößt er dabei auf ein leckeres Mäusenest.

Inhalt

1

Auswählen und eingewöhnen 8

2

Ernähren und pflegen 34

3

Erziehen und beschäftigen 56

Inhalt

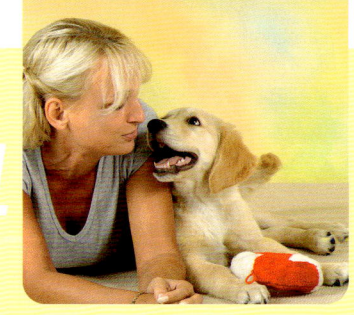

5

Erziehen und beschäftigen 104

6

Probleme erkennen und behandeln 132

Service 140

1

Auswählen & eingewöhnen

Bereit für einen Welpen?
Vom Glück,
Ihr Hund zu sein

Sie wollen einen Hund? Sie brauchen ihn zu Ihrem Glück? Das kann nur gutgehen, wenn Sie Ihrem Hund auch das geben, was er zu seinem Hundeglück braucht: nämlich Verständnis, Zeit und Zuwendung.

Was Hunde wirklich wollen
Denn das Wichtigste im Leben Ihres Hundes sind Sie. Er braucht Ihre Fürsorge. Er möchte ständig mit Ihnen zusammen sein und schenkt Ihnen sein Vertrauen, das Sie nicht missbrauchen dürfen.

Vertrauen von Anfang an: Der Welpe sucht Geborgenheit und schließt sich dem Menschen ganz und gar an.

Für Sie lässt er jeden stehen
Für Sie lässt er letztlich jeden noch so duften Hund stehen, von kleinen vorübergehenden Ausnahmen einmal abgesehen. Auch die besonders gut duftenden Hündinnen sind nur kurzfristig interessant. Nach getaner Arbeit in Sachen Fortpflanzung kommt ein Rüde immer wieder zurück, denn ein Hund verlässt sein Rudel nicht.

Ist noch Platz in Ihrem Rudel?
Wir sind deshalb in der Verantwortung, und wir sollten uns nur dann einen Hund zulegen, wenn wir bereit sind, ihn als vollwertiges Mitglied in unser Rudel aufzunehmen und seine Begabungen und Interessen ernst zu nehmen. Auch wenn Sie alleinstehend sind, werden Sie von Ihrem Hund als Rudelführer angesehen, wenn Sie alles richtig machen.

Lieben Sie auch einen Versager?
Vielleicht sind Sie von der Idee, mit Ihrem Hund zum Agility oder Ähnlichem gehen zu wollen, so beseelt, dass Sie noch gar nicht in Betracht gezogen haben, dass es auch Hunde gibt, die sich nicht dafür eignen, aus welchen Gründen auch immer. Würden Sie Ihren „Versager" auch dann noch wollen und ihn lieben, bis ans Ende seiner Tage, auch wenn er Ihre sportlichen Interessen nicht teilt?

Kinder und Hunde sind ein tolles Team, wenn sie unbeschwert zusammen aufwachsen dürfen.

Die Verantwortung liegt immer bei Ihnen

„Der Kinder zuliebe" steht am Anfang vielen Hundeelends, denn die meisten Eltern überschätzen das Verantwor-

> → **Er hält zu uns**
> Ein Hund hält vorbehaltlos zu uns. Dabei ist ihm egal, ob wir reich oder arm, hübsch oder hässlich, alt oder jung sind. Ein Hund würde seinen Menschen nie aussetzen…

tungsbewusstsein ihrer Kinder, auch der schon größeren. Drohen Sie, dass der Hund bei ungenügender Pflege wieder abgegeben wird, macht das den Hund zum Spielball der Erziehungsarbeit. Das ist dem Tier gegenüber unfair und es zeigt schon von vornherein die falsche Einstellung gegenüber der Tierhaltung. Wer so denkt, sollte einem Kind lieber keinen Hund schenken.

Nur so stehen die Chancen gut

Nur wenn Sie als Eltern die Verantwortung für das Wohl Ihres Hundes von Anfang an bereitwillig und gern übernehmen, hat er die Chance auf ein gutes Hundeleben, und nur dann wird er Ihren Kindern ein geliebtes, wichtiges Familienmitglied werden. Die vielen tausend ausgesetzten und in Tierheime abgeschobenen Hunde sprechen eine deutliche Sprache: Wir Menschen sind der Unsicherheitsfaktor in der Beziehung Mensch-Hund.

Sind Sie Welpen-fit?   *Test*

Die folgenden Fragen sollten Sie in Ruhe bedenken und nach bestem Wissen und Gewissen beantworten.

☐ **Bin ich dem Bewegungsbedürfnis des Hundes gewachsen?**

☐ **Kann er seine Begabungen bei mir ausleben?**

☐ **Habe ich die Kraft, ihn in einer Extremsituation festzuhalten?**

☐ **Passt seine Größe für die Kinder? Denn die möchten ihn, mit Ihnen zusammen, an der Leine führen.**

☐ **Machen mir gelegentlich herumfliegende Haare und Schmutztapsen nichts aus?**

☐ **Habe ich Lust, meinen Hund seinem Typ entsprechend zu pflegen?**

☐ **Passt er in mein Auto?**

☐ **Reicht das Geld für alle regelmäßigen Kosten? (Hundesteuer, Futter, Tierhalterhaftpflichtversicherung, Tierarzt mit Impfungen, Unvorhergesehenes)**

☐ **Reagiert auch kein Familienmitglied allergisch auf Hundehaare?**

Haben Sie alle Fragen mit „Ja" beantwortet? Prima, dann sind Sie reif für einen Welpen.

Rex and the City

Ein Haus mit gut um-
zäuntem Garten ist für
die Hundehaltung ideal.
Hier kann Hund rennen,
spielen oder die wider-
borstige Beute zerrupfen.

Achtung Allergie:
Leben in Ihrem
Haushalt Menschen,
die auf verschiedene
Umweltreize aller-
gisch reagieren?
Dann ist leider die
Wahrscheinlichkeit
groß, dass sie auch
eine Überempfind-
lichkeit gegen den
Hund (Speichel,
Hautschuppen,
Haare) entwickeln.

Das Ideal wäre ein Häuschen mit Öko-Garten, dessen Wildwuchs nicht so schnell zu ruinieren ist, auch dann nicht, wenn der Hund sich mit Knochenarbeit gewissen Ausgrabungs-aktivitäten hingibt. Hinter diesem Öko-garten könnte gleich ein ausgedehntes Hundeauslaufgebiet mit kilometer-langen Wanderwegen beginnen.

Hundefreundliche Nachbarschaft?

Aber wer wohnt schon so? Viel eher lebt jemand nebenan, der sich am Hun-degebell stört. Möglicherweise gibt es überhaupt keinen Hundefreund in der Nachbarschaft, der im Bedarfsfall Ihren Hund sitten würde. Wenn Sie in einem Mehrfamilienhaus wohnen, klären Sie auf alle Fälle vor der Anschaffung des Hundes, wie Vermieter, Miteigner und Ihre direkten Wand-an-Wand-Nachbarn dazu stehen. Die Rechtsprechung der letzten Jahre sieht zwar die Haltung eines „normalen" Hundes als Grund-bedürfnis des Menschen an, das man ihm nicht einfach verbieten kann. Aber darauf können Sie sich nicht verlassen, denn die Richter entscheiden im Ein-zelfall fast immer gegen den Hunde-halter, wenn es sich um einen „Listen-hund" handelt..

Hunde und die Gesetze

Sie ersparen sich viel Ärger, wenn Sie von Anfang an grünes Licht für Ihren Vierbeiner bekommen. Informieren Sie sich rechtzeitig, welche Hundeverordnung in ihrem Bundesland gilt und welche Rassen darin als gefährlich eingestuft werden und verschärften Haltungsbedingungen wie Maulkorb- und Leinenzwang unterliegen. Meist bestehen weitere Bestimmungen für solche Hunde, die die Haltung erschweren: Sehr hohe Steuern und Versicherungsbeiträge, Verbot der Haltung in Mehrfamilienhäusern, Verbot der Mitnahme in öffentlichen Verkehrsmitteln usw. Manchmal besteht die Möglichkeit, sich und den Hund von einigen Auflagen zu befreien, wenn der Hund einem Wesenstest unterzogen wird und ihn besteht.

Kein Hund nur für gewisse Minuten

Führen Sie vor dem Kauf einige Wochen lang Buch über Ihre Aktivitäten und den dafür nötigen Zeitaufwand. Bleibt Ihnen genügend Zeit für einen Hund? Wenn ja, haben Sie auch Lust, in der verbleibenden Zeit etwas mit ihm zu unternehmen, sich zu bewegen, auf den Hundeplatz zu gehen, ihn zu erziehen und mit ihm zu spielen, bevor sie gemeinsam auf dem Sofa abschlaffen?

Die Sache mit dem Urlaub

Den Hund mitzunehmen ist eine ungemein verbindende Sache. Wenn es jedoch nicht geht, soll die „schönste Zeit des Jahres" für Ihren Hund nicht zur Qual werden. Deshalb sollten Sie sich rechtzeitig um eine private Unterbringung bemühen, am besten bei hundeerfahrenen Freunden, die Ihren Hund gut kennen.

Urlaub? Er mag Reiseziele, die Hunde willkommen heißen und zu denen er bequem gelangen kann.

Hundesitter zur Auswahl

Sie brauchen mindestens drei bereitwillige Hundesitter im Bekanntenkreis, damit hoffentlich einer Zeit hat, wenn Sie verreisen. Jede noch so gut geführte Pension bedeutet für Ihren Hund Kummer und Stress. Es ist irreführend, wenn ein Hundehotel „Erholsame Ferien für Ihren Hund" verspricht. Ein Aufenthalt auch in einer gut geführten Hundepension bedeutet für Ihren Hund Kummer und Stress. „Erholsame Ferien" hat er nur, wenn er vor dem ersten Mal mit Ihnen zusammen Pension und Mitarbeiter in Ruhe kennenlernen konnte. Dazu verbringt man am Besten einen oder zwei Nachmittage dort.

Gerade junge Hunde haben noch allerhand Flausen im Kopf. Der englische Rasen kann schon mal umgegraben werden.

→ Unsicher geworden?

Bekommen Sie ein flaues Gefühl im Magen, wenn Sie all diese Bedenken gelesen und darüber nachgedacht haben? Dann verzichten Sie lieber auf einen Hund. Vielleicht ist eine Katze eher etwas für Sie, oder Sie müssen erst noch ein paar Dinge in Ihrem Leben regeln, bevor Ihr Hund einziehen kann. Vielleicht ist ein späterer Zeitpunkt mit anderen Lebensumständen günstiger für Sie und den Hund.

Der Passende ist der Beste

Der Hund muss uns nehmen, wie wir sind: Geld gegen Ware Hund, und damit ist er uns auf Gedeih und leider allzu oft auch auf Verderb ausgeliefert. Horchen Sie zunächst einmal in sich hinein, zu welchem Typ Hund es Sie hinzieht: zum kernigen Wuschel im einmaligen Mischlingslook, zum windschnittigen, muskulösen Sportlertyp oder eher zum im Seidenfell tänzelnden, grazilen Softie mit Aristokratenflair; zum Winzling oder zum Koloss?

Ob Rassehund oder Mischling, Schoß-hund oder Riese: die Auswahl ist riesig. Gehen Sie nicht nur nach dem Aussehen, das Wesen des Hundes muss zu Ihnen passen.

Rassehund oder Mischling?

Sie haben die Wahl zwischen vielen hundert Rassen und dazu noch unter den verschiedensten Mischlingen. Es gibt viele Bücher, in denen die Rassen mit Foto und Text vorgestellt werden. Für eine erste Information sind sie gut, aber dann sollten Sie eine reale Begegnung mit Hunden der favorisierten Rasse suchen, und zwar mit erwachse-

nen Hunden, denn auch der niedlichste Welpe ist nach etwa einem Jahr ein erwachsener Hund! Über Rassehundvereine und Hundeübungsplätze oder Ausstellungen lassen sich schnell Kontakte knüpfen. Machen Sie Spaziergänge mit, und beobachten Sie den Hund genau: Liegt Ihnen das Temperament, sein Umgang mit anderen Hunden und Mitmenschen? Wie verhält er sich Kindern gegenüber? Mögen Sie seine Stimme, oder nervt Sie sein Kläffen?

Größe hängt von der Umgebung ab

Was draußen auf der Wiese elegant aussieht, kann Ihnen in der Wohnung wie der Elefant im Porzellanladen vorkommen. Besuchen Sie Ihre Wunschrasse deshalb auch im Haus oder noch besser: Laden Sie den Halter mit dem Hund Ihrer Traumrasse zu sich ein! Ist der Hund Ihnen auf einmal viel zu groß?

Der Parson Russell Terrier gilt als Raubein mit unwiderstehlichem Charme.

Der Schäferhund zählt nach wie vor zu den beliebtesten Rassen. Er gilt als guter Wächter und braucht Aufgaben.

Hundegeruch kann unangenehm sein

Können Sie Ihren Wunschhund gut riechen, auch nach einem Regenspaziergang oder einem Bad im See? Bewacht der Hund, der unterwegs so harmlos auftrat, die eigenen vier Wände mit bedrohlicher Ernsthaftigkeit? Sie merken schon: Ein Hund ist mehr als sein Äußeres. Natürlich spielen bei jedem erwachsenen Hund Anlagen und Erziehung zusammen, deshalb ist es sinnvoll, verschiedene Hunde der Wunschrassen zu erleben. Das ist Ihnen alles viel zu zeitaufwendig? Dann lassen Sie lieber die Finger vom Hund!

Sie sind sein ganzes Leben

Für Sie ist der Hund zwar nur ein „Lebensabschnittspartner", für Ihren Hund aber sollten Sie ein zuverlässiger Lebenspartner sein, und dazu können Sie durch sorgfältiges Kennenlernen der Rasseeigenarten vor der Entscheidung für einen bestimmten Hund wesentlich beitragen. Denn Sie sollten als Team über Jahre hinweg zusammenpassen. Bei Mischlingen sollten Sie sich über die Ausgangsrassen – soweit bekannt – informieren.

Rüde oder Hündin?

Möglichst bevor Sie inmitten von unwiderstehlichen Welpen sitzen und Ihr Gefühl über den Verstand siegt, sollten Sie wissen, ob Sie einen Rüden oder eine Hündin wollen.

→ Rüden sind gegenüber Geschlechtsgenossen rauflustiger. Nicht selten zeigen sie störende sexuelle Aktivitäten, u.a. Aufreiten auf Arme oder Beine. Ihr Aktionsradius ist größer und sie sind eher konfliktbereit. Diese Eigenschaften können die Erziehung erschweren.

→ Hündinnen gelten hingegen als zierlicher und leichter erziehbar als Rüden. Sie haben ein größeres Zuwendungsbedürfnis, brauchen verstärkte Aufsicht während der Läufigkeiten (zweimal im Jahr drei Wochen) und sind danach oft monatelang träge und lustlos aufgrund der Scheinträchtigkeit. Insbesondere bei großen Rassen ist eine Hündin für den Anfänger der geeignetere Hund. Die Belästigung durch die Läufigkeit wird meines Erachtens überschätzt. Bei Hündinnen ist eine Kastration aufwendiger.

→ Was ist ein Welpentest?

Züchter können einen Welpentest durchführen lassen. Dazu kommt eine Person, die den Welpen bislang unbekannt ist, und beobachtet jeden einzelnen Hund, wie er in bestimmten Situationen reagiert. Dadurch versucht man, das Neugierverhalten, die Selbstsicherheit und die Unterwerfungsbereitschaft zu erkennen.

DEN Familienhund gibt es nicht

Vom Umtausch ausgeschlossen

Seit einigen Jahren ist der „Familienhund" in Mode gekommen und wenn Sie die Verkaufsanzeigen für Hunde aufmerksam lesen, werden Sie staunen: Jede beliebige Rasse ist da ein Familienhund und sogar ein „idealer".

werbung kritischer gesehen als die Werbung für das Lebewesen Hund. Und dabei kann man sein Waschmittel jederzeit wechseln; für seinen Hund geht man eine Verpflichtung für ca. 10 bis 15 Jahre ein!

Der ideale Familienhund ist ein Menschenfreund, der gern mit Kindern spielt, ohne grob zu werden, sich streicheln und mit sich schmusen lässt.

Lassen Sie sich von solchen Anzeigen nicht auf die Schippe nehmen. Was für Sie ein idealer Familienhund ist, können nur Sie selbst wissen.

Irreführende Werbung

Wer blind darauf vertraut, dass die angepriesene Rasse mit dem Titel „Familienhund" tatsächlich optimal zu ihm passt, ärgert sich vielleicht Jahre lang über diesen Fehler. Offenbar wird jede Waschmittel- oder Zigaretten-

Scharfer Wachhund

Der eine Anbieter wirbt mit dem „Familienhund" und hat einen Wächtertyp zu bieten, der nur seine Familie liebt und ihr vertraut, der sie vehement gegen „den Rest der Welt" verteidigt und am liebsten gar keinen Besucher reinlassen würde ... und wenn schon rein, dann nicht wieder raus! Ein Hund, der seine Besitzer liebt, ist zwar toll, doch wenn nur der Hund entscheidet, wer in das Haus darf, wird es ziemlich einsam.

Hans Dampf
in allen Gassen

Der Nächste bezeichnet seine Hunde als Familienhunde, weil sie kernige, verspielte Mitmachertypen sind: Immer gern in Aktion, immer gern dabei und von einer kindgemäßen Größe. Sie lassen kein Spiel aus – je wilder umso besser. Andererseits sind sie aber auch Raubeine, die keiner Rauferei mit Artgenossen aus dem Wege gehen, ganz egal ob es sich um kleine oder große Hunde handelt. Und: Jeder Wildduft lockt sie vom rechten Weg weg.

Langweiliger Koloss

Wieder ein anderer hält seine zentnerschweren Brocken für tolle Familienhunde, weil diese gutmütigen Burschen nicht so schnell aus der Fassung geraten und die Kinder ohne Protest auf sich herumturnen lassen. Andererseits haben sie jedoch wenig Spiellust und lassen sich nur schwer zum Mitmachen motivieren. Wenn ihnen danach ist, machen sie mit dem Kind, das sie an der Leine hat, was sie wollen.

→ **Hunde, die in Mode kommen**

Die Retriever wurden lange Zeit zu Recht als ideale Familienhunde bezeichnet. Seit sie in Mode gekommen sind und wie wild gezüchtet werden, gehen sie leider gesundheitlich und vom Wesen her mehr und mehr vor die Hunde. Viele landen im Tierheim, weil sie eben doch Hunde wie andere sind und ohne jede Erziehung nicht zum Traumhund werden, sondern selbst das Kommando in die Pfote nehmen.

Einen Modehund zu wählen, ohne seine speziellen Neigungen und Schwächen zu kennen, bringt schnell Probleme mit sich. Border Collies möchten hüten ohne Wenn und Aber, Schlittenhunde wollen rennen und vertragen keine Hitze, Westies müssen getrimmt werden, Jack Russel Terrier sind Jagdhunde, Berner Sennenhunde haben's oft mit den Gelenken – all das muss man bedenken.

Wahre Menschenfreunde

Ja, und dann bezeichnen auch die ihre Hunde als ideale Familienhunde, die es auch wirklich sind: Nämlich Hunde, die Menschenfreunde schlechthin sind und auch jedem Fremden ohne Misstrauen freundlich entgegengehen, gleichzeitig Hunde, die bis ins Alter verspielt und heiter bleiben. Das Allerwichtigste: Welpen besitzen nur dann das Selbstvertrauen und die Gelassenheit, „ihren" Menschenkindern als Kuschelpartner und Kopfkissen zu dienen, wenn sie als Welpen ausreichend positive Erfahrungen mit Kindern gemacht haben. Es hängt also von der Aufzucht ab, ob ein Welpe schon mal sein Ohr als Schmusetüchlein benutzen lässt.

Ihre Bedürfnisse erkennen

Bedenken Sie, dass jede Rassebeschreibung eine mehr oder weniger geschönte Werbung für genau diese Rasse sein kann. Für viele Züchter gibt es nur diese eine Rasse, und sie sind blind für ihre Nachteile. Bilden Sie sich nicht ein, durch Erziehung jeden Welpen zum idealen Familienhund hinzubiegen: Nicht nur das Äußere ist durch Anlagen vorprogrammiert – auch die Anlagen für bestimmte Verhaltensweisen sind es.

EXTRA
Hunde-Anzeigen und was dahintersteckt

Bitte vergewissern Sie sich genau, dass Sie nicht einem clever getarnten Hundehandel auf den Leim gehen. Moderne Hundehändler bezeichnen ihr Unternehmen gern als Tierheim oder Hundepension und locken so gutgläubige Tierfreunde an. Achtung: In echten Tierheimen gibt es viele ältere Hunde und nur vereinzelt Welpen.

Was Anzeigen verraten

Skrupelloser Geschäftemacher

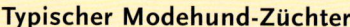

Hunde direkt vom Züchter, Lang- und Rauhaardackel, Cocker-Spaniel aller Farben, Klein- u. Zwergpudel, Collie, Dobermann, Bernhardiner, Boxer, Irish-Setter, Schäferhund u. andere Rassen, gesunde und gepflegte Tiere...

Hier wird skrupellos Massenproduktion aus Profitgründen betrieben. In Käfigen, Kisten oder alten Schweinekoben wachsen die Welpen ohne prägende positive Menschenerfahrungen und ohne fördernde Umwelt auf. Fast zwangsläufig entstehen Tiere, die krank an Körper und Seele sind. Unterstützen Sie diese Tierquälerei nicht durch den Kauf eines Welpen. Für jedes Kerlchen, das Sie „retten", werden andere nachproduziert, oft auch aus den östlichen Nachbarländern aufgekauft.

Typischer Modehund-Züchter

Weiße Golden Retriever-Hündin aus der Eduscho-Werbung, 1 J., aus 1-A-Zucht, in allerbeste Hände zu verkaufen; Tel. So ab 17 Uhr...

Ein typischer Modehund-Züchter, der nur die Rassen züchtet, die gefragt sind und so den meisten Profit abwerfen.

Tierquäler

Boxer-Welpen, vollkupiert, importiert, ohne Pap. zu verk., Tel....

Das Zurechtschneiden der Ohren und Schwänze ist in Deutschland seit Jahren verboten. Diese armen verstümmelten Hunde haben den Umweg übers Ausland zu einem Ohren- und Rutenabschneider machen müssen.

Hundehandel

Goldige Hundekinder
Die fast tägl. tierärztl. Betreuung, pünktl. Impf. u. Entwurm. etc. bieten gr. Sicherheit f. unsere Hunde und die künftigen Besitzer. Die tierärztl. Grunduntersuchung u. ggf. Behandlung nach Übern. ist in allen Preisen enthalten. Wir haben lfd. süße Mischlings- und Rassewelpen, aber auch ältere Hunde. Rufen Sie uns an...

Auch wenn es seriös klingt: Es handelt sich um Hundehandel großen Stils, verkaufsstrategisch geschickt verpackt. Mit dem Hinweis auf den Tierarzt möchte man der Befürchtung entgegentreten, dass kranke Tiere verkauft werden. Gesunde Welpen brauchen den Tierarzt aber nur zum Impfen! Nur sehr kranke Tiere brauchen fast täglich den Tierarzt.

Verantwortungslos

> 2 gestromte Boxerhündinnen + 1 gold. Hund, m. Pap., geimpft, 2 Mon. alt, sof. zum Mitnehmen. Tel....

Der Hund gleich zum Mitnehmen: Das will kein verantwortungsvoller Züchter.

Secondhand-Hund

> Irish-Setter-Hündin, 2 J., k. Kleinkinder, Tierschutz Musterstadt, Tel....

Wahrscheinlich beim Tierheim abgegeben mit dem Hinweis: „Sie hat unser Kind gebissen." Möglicherweise war das aber nur ein Vorwand, um den lästig gewordenen Hund abzugeben.

Scharfer Wachhund

> Schäferhund, 4 1/2 Jahre, k. Kinder, sehr guter Wachhund, Pr. Vhs., Tel....

Wehe, wenn so ein Wachhund, der keine Kinder mag, unbeaufsichtigt loskommt.

Problem-Tier

> Weißer Schweizer Schäferhund, Langhaar, 2 J., ängstl., i. gut Hd. abzug., Schutzgeb. 500,–; Tel....

Hier wird ein Problemhund angeboten. Ängstliche Hunde fassen oft nur langsam Vertrauen und können schnell zu Angstbeißern werden.

Das seriöse Angebot sieht so aus

> Kuvasz „v. Schloss Bräke" (VDH) Wir erwarten Ende Oktober einen Wurf Kuvaszwelpen. Möchten Sie „Ihren" Welpen im Alter von 2–3 Wochen kennen lernen und bis zur Übernahme regelmäßig besuchen? In uns haben Sie auch nach der Übernahme „Ihres" Welpen jederzeit einen Ansprechpartner für alle Fragen rund um den Hund. Besucher sind uns jederzeit willkommen.

So oder ähnlich sollte die Anzeige eines guten Züchters aussehen: rechtzeitige Information des Interessenten, die Bereitschaft, Einblicke in die Aufzucht zu gewähren und Verantwortung auch nach Abgabe der Welpen. Überprüfen Sie dennoch in jedem Fall persönlich, ob die Welpen mit engem Menschenkontakt aufwachsen.

Die optimale Welpenstube

Wenn Sie sich für einen Rassewelpen entscheiden, dann suchen Sie sich einen seriösen Züchter und sparen Sie nicht am falschen Ende! Es zahlt sich in vieler Hinsicht aus, einen sorgfältig aufgezogenen, körperlich und psychisch gesunden Welpen zu kaufen.

Darauf sollten Sie achten

Nehmen Sie nur einen Welpen, der die ersten Wochen seines Lebens mit liebe- und verantwortungsvollen Menschen verbringen durfte. Solche Züchter sind gar nicht so leicht zu finden und es könnte sein, dass Sie auf den nächsten Wurf warten oder eine längere Autofahrt in Kauf nehmen müssen. Auch das lohnt sich. Seien Sie nicht überrascht, wenn der Züchter Sie auf Herz und Nieren prüft.

Wesensstark durch liebevolle Aufzucht

Wichtig ist, dass die Welpen von Anfang an im Wohnbereich der Züchter leben und spätestens bis zur 12. Lebenswoche ein festes Grundvertrauen zum Menschen entwickeln, weil mit ihnen geredet und geschmust wird und sie den Menschen als verlässlichen Sozialpartner kennen lernen.

Erlebniswelt macht die Welpen schlau

Welpen brauchen Anregungen. Achten Sie daher darauf, dass sie einen Auslauf haben, der ihrem Erlebnishunger ausreichend Nahrung bietet und sowohl ihre Neugier als auch ihren Spieltrieb befriedigt.

Für hundeunerfahrene Familien ist es das Beste, sich gezielt einen Welpen aus dem Wurf eines seriösen Züchters auszuwählen.

Bei Mama wird Energie und Selbstvertrauen getankt.

Saubere Kinderstube und gesunde Welpen

Weitere Anzeichen für eine seriöse Zucht sind:

→ **Sauberkeit:** Wenn Kot-Würstchen herumliegen, dann sollten es nur wenige ganz frische und wohlgeformte sein. Durchfall ist bei Welpen immer ein Alarmzeichen.

→ **Ruheplatz:** Die Welpen brauchen einen warmen, trockenen Platz zum Ausruhen und Schlafen, z. B. eine Zimmerecke, wo sie ungestört sind.

→ **Gepflegt:** Die Welpen müssen ein sauberes Fell haben und gut nach Hundebaby duften. Nur ein verwahrloster Welpe stinkt und hat Schuppen oder kahle Stellen im Fell.

→ **Neugierig:** Die Welpen sollten neugierig und vertrauensvoll auf die Züchter und – eventuell nach kurzem Zögern – auch auf Sie zugehen.

→ **Munter:** Gesunde Welpen sind kräftig, verspielt und aktiv, wenn sie nicht gerade entspannt schlafen. Sie haben keine dicken, aufgetriebenen Bäuche, die auf starken Wurmbefall hindeuten (Spulwürmerknäuel).

→ **Appetit:** Fressen die Welpen mit Appetit?

→ **Natur-Erleben:** Die ausschließliche Aufzucht in Innenräumen kann nicht das Ideale sein. Ab etwa der fünften Woche brauchen Welpen zumindest stundenweise Aufenthalt im Freien, sonst haben sie später draußen viel Angst.

Im Spiel erobern sie die Welt ... zunächst nur eine kleine Welt.

Der optimale Auslauf

Eine Erlebniswelt sieht im Idealfall so aus: Der Auslauf hat unterschiedliche Bodenstrukturen wie Gras, das am Bäuchlein kitzelt, Erde zum Buddeln, Steine zum Stolpern. Der Welpe braucht Röhren zum Durchkriechen und Verstecken, Äste zum Überspringen und Zerkauen, Bälle oder Äpfel zum Tragen usw. Durch zahlreiche Umweltreize, die durchaus auch ab und zu ein bisschen Stress hervorrufen sollen, bilden sich im Gehirn des Welpen vielfältige Vernetzungen der Nervenzellen, die nachträglich nicht mehr so leicht entstehen können.

Welcher Welpe darf's denn sein?

Ein engagierter Züchter wird Ihnen gute Tipps geben können, welcher Welpe aus seinem Wurf am besten zu Ihnen passt. Diese Ratschläge sollten Sie ernst nehmen!

Der kräftige Draufgänger mit einem rechten Dickkopf mag Ihnen noch so gut gefallen; wenn Sie jedoch keine Erfahrung mit Hunden haben, macht so eine Führungspersönlichkeit Sie schnell zum „Underdog".

Die Kindererziehung bringt Mama ins Schwitzen.

Das Abenteuer Hund beginnt

Wenn Sie sich ein Hundekind ausgesucht haben, nehmen Sie einen wesentlichen Einfluss auf die Entwicklung des Kleinen: Im Erbgut ist sein äußeres Erscheinungsbild weitgehend festgelegt und er hat Anlagen für seinen Charakter und seine Intelligenz mitbekommen. Ein guter Züchter hat versucht, ihn in seiner körperlichen, geistigen und seelischen Entwicklung bestmöglich zu fördern, aber es liegt letztlich an Ihnen, was aus dem empfindsamen, menschenbezogenen Kerlchen einmal wird.

Besuchen Sie Ihren Welpen!

Ihr Welpe ist süße vier Wochen alt und in der für das ganze Leben so wichtigen Prägephase, wenn der Züchter Ihnen als künftigem Rudel zum ersten Mal Zutritt zu der Kinderstube gewährt.

Machen Sie den Abschied kurz – jedem guten Züchter fällt er sowieso schwer genug, obwohl ihn die Welpenschar in den letzten Wochen arg strapaziert hat. Deshalb: Nehmen Sie den Kleinen unter den Arm, und dann nichts wie weg!

Welpen finden uns toll und vertrauen uns, wenn wir von Anfang an freundlich zu ihnen sind.

Gegenseitiges Kennenlernen

Es ist nicht nur ein Entgegenkommen seinerseits, nein, der Züchter erwartet von Ihnen sogar, dass Sie Ihren neuen Hund regelmäßig besuchen. Dabei will er natürlich auch beobachten, ob Sie als neues Rudel für das Hundekind geeignet sind. Gleichzeitig haben Sie selbst die Gelegenheit, die Aufzuchtbedingungen zu begutachten. Nutzen Sie die regelmäßigen Besuche, um die Welpen im Umgang miteinander und mit ihrer Mutter zu beobachten. Wie verhalten sie sich? Wie weit dürfen sie gehen, bis die Hündin eingreift? Daraus können Sie eine Menge lernen. Und Sie sehen, wie der Züchter mit den Hunden umgeht, wie er sie trägt, wie er sie ruft, wie er ihre wilden Spielangriffe abwehrt oder mit ihnen schmust.

Pflichten des Züchters: entwurmen und impfen

Ein verantwortungsvoller Züchter ist täglich so viel mit den Welpen zusammen, dass er die Wesensmerkmale jedes einzelnen genau kennt.
Er entwurmt die Welpen ab der zweiten Lebenswoche regelmäßig gegen Spulwürmer, weil praktisch jeder junge Hund während der Tragzeit und über die Muttermilch diese Schmarotzer mitbekommt, auch wenn die Mutter entwurmt ist. In der achten Woche werden die kleinen Hunde geimpft. Vorher ist eine Impfung sinnlos, weil die Welpen mit der Muttermilch

Die richtige Erlebniswelt für erste Ausflüge mit der Mama. Das macht Welpen schlau ...

Abwehrstoffe von der Hündin erhalten und deshalb keine eigene aktive Abwehrfront aufbauen. Frühestens eine Woche nach der Impfung sollte der Welpe seine Kinderstube verlassen, weil der Impfschutz ab dieser Zeit besteht.

Zu jedem Hund gehört ein Impfpass

Vom Züchter bekommen Sie einen Impfpass, in den die Erstimpfung eingetragen ist, meistens auch der Termin für die erste Wiederholungsimpfung (mit ca. 12 Wochen).Informieren Sie sich auch, wann der Welpe entwurmt worden ist, und versäumen Sie die regelmäßigen Wurmkuren gegen Spulwurmbefall nicht.

Kaufvertrag

Ein Züchter, der Mitglied im VDH ist, wird Ihnen den Standard-Kaufvertrag des VDH vorlegen, der Sie ausführlich über den Welpen informiert und die beiderseitigen Rechte und Verpflichtungen festhält.

Der Wurfabnahme-Bericht

Zusätzlich sollten Sie sich den Bericht über die Wurfabnahme zeigen lassen, in dem der Zuchtwart, der den Wurf geprüft hat, auch auf Auffälligkeiten der einzelnen Welpen hinweist.

→ ## Gute Kinderstube auch für Mischlinge

Wenn Sie einen Mischling kaufen, fehlt die fachmännische Beurteilung. Spätestens am Übergabetag – besser bei einem früheren Besuch – sollten Sie deshalb jemand mit zu den Welpen nehmen, der etwas von Hunden versteht. Auch ein Mischling braucht dringend eine gute Kinderstube, um später ein gut sozialisierter Hund zu werden. Es ist ein gefährlicher Irrtum zu meinen, dass Mischlingswelpen eine schlechte Kindheit geradezu hilft, ein kerniger Hund zu werden. Ihre kleine Seele ist genauso verletzlich wie die eines Rassehundes.

... auch wenn's manchmal etwas unheimlich ist.

Vorbereiten für die Ankunft
Nehmen Sie sich Zeit

Hundekleidung sollte praktisch und robust sein. Wenn übermütige Welpen an einem hochspringen, lässt sich der ein oder andere Pfotenabdruck nicht vermeiden.

Besonders in den ersten Wochen wird der Grundstein für das spätere Hundeleben gelegt. Nehmen Sie sich die Zeit, zeigen Sie ihm die Welt und schenken Sie ihm Liebe und Vertrauen.

Bereiten Sie Ihr Zuhause für den Welpen gut vor, so dass alles erledigt ist, wenn Sie ihn holen und Sie sich dann ganz Ihrem „Nachwuchs" widmen können. Er ist ja noch ein Baby und braucht noch sehr viel Aufmerksamkeit.

Nehmen Sie sich Zeit

Das Wichtigste, was Sie in den ersten Wochen benötigen, ist Zeit, viel Zeit. Und Sie werden sehen, dass es sich lohnt. Sie werden einen faszinierenden Erlebnisurlaub mit dem Welpen genießen, der Ihnen auf jeden Fall Freude und Erholung bereitet.

Dieser Urlaub lohnt sich dreifach

Was Sie jetzt an Zeit und Engagement investieren, zahlt sich später aus: Alles, was das Hundekind in den ersten gemeinsamen Wochen lernt, prägt sein ganzes Leben. Erledigen Sie anderes, das Zeit braucht, solange Sie noch unabhängig sind: Zähne sanieren, Dauerwelle machen lassen, in den Urlaub fliegen etc.

Kaufen Sie sich Schmutz-Klamotten

Legen Sie sich robuste und am besten erdfarbene Kleidung zu: Das Hundekind hat nadelspitze Milchzähne und ebenso spitze Krallen. Hoffentlich hat er auch ein ausgelassenes, unternehmungslustiges Naturell.

Anfänglich kann es auch sein, dass er noch bei jeder freudigen Begrüßung ein paar Tröpfchen verliert. Bei jedem Wetter und auch bei Regen wird er ab und zu an Ihnen hochspringen oder -klettern, um sich zu vergewissern, dass alles in Ordnung ist.
Wenn Sie in einem oberen Stockwerk wohnen, müssen Sie den Welpen im ersten Jahr die Treppen hinunter- und auch wieder hochtragen. Sie werden sich wundern, wie gründlich selbst ein kleinwüchsiger Welpe nach einem Schmuddelwetterspaziergang Sie an seinem Ferkellook teilhaben lässt!

Beseitigen Sie
die Gefahrenstellen

Gehen Sie mit wachem Auge durch die Wohnung und fragen Sie sich: Was kann für den Welpen gefährlich werden? Und was ist in Gefahr? Wie ein Kleinkind nimmt auch ein Welpe alles neugierig in den Mund, kaut darauf herum, um den Gegenstand kennenzulernen, und schluckt es auch schon mal. Deshalb können Büroklammern, kleine Setzkastenfiguren, Nadeln, Broschen, Schmuckstücke, Buntstifte etc. für ihn gefährlich werden.

Treppen mit glatten und offenen Stufen sind lebensgefährlich! Im ersten Lebensjahr tragen Sie ihn ohnehin, später muss ein rutschfester Belag dem Hund auf der Treppe Halt bieten.

Um den Garten
gehört ein Zaun

Ohne Zaun können Sie Ihren Welpen nicht in den Garten lassen. Nur so hat Ihr Hund etwas davon! Verbannen Sie spätestens jetzt Schneckentod, Blaukorn, chemische Insektenkiller und ähnliches aus Ihrem Garten.

Meins? Oder nicht meins? Welpen müssen erst lernen, an welchem „Spielzeug" sie sich austoben dürfen und dass Schuhe zwar verlockend, aber nicht erlaubt sind.

Räumen Sie weg,
was er zerknabbern kann

Andererseits sollten Sie Ihren antiken Steiff-Teddy, die Käthe-Kruse-Puppe, den edlen Seidenteppich, die 300 Jahre alte Bibel, die Altmeißener Bodenvase und andere Dinge, an denen Ihr Herz hängt, in Sicherheit bringen: Ein Welpe zerlegt Billig-Pantoffeln genauso gern wie Luxus-Pantoletten.

Treppen sichern

Eine Treppe im Wohnbereich sollten Sie unten und oben durch Kindersicherungen versperren!

Auch organische Dünger können für Hunde lebensgefährlich sein. Schützen Sie Ihre Beete durch ein Zäunchen vor dem buddelnden Tatendrang Ihres Welpen. Vergessen Sie nicht, Teich und Pool zu sichern. Mit ihrem steilen Rand werden sie oft zu tödlichen Fallen.

Renovieren Sie später! Tipp
Die Renovierung Ihrer Wohnung lassen Sie jetzt besser bleiben, Sie würden sich nur ärgern. Denn Ihr Welpe ist noch nicht wirklich stubenrein und knabbert außerdem gerne alles an.

Jetzt holen Sie Ihren Schatz zu sich

Nestwärme vom ersten Tag an

Der erste Tag eines Urlaubs im eigenen Zuhause ist der optimale Zeitpunkt, um den Welpen abzuholen. Wenn das nicht geht, wählen Sie einen Freitagmittag oder Samstagmorgen. Auch dann lernt der Kleine gleich alle Familienmitglieder kennen und hat genügend Zeit, sich etwas an sie zu gewöhnen.

Nach einem Tag voller neuer Eindrücke freut sich Ihr Welpe, wenn er ein Stückchen Decke mit dem vertauten Geruch seiner Kindersube vorfindet.

Kuscheltuch für Welpen

Die Einsamkeit beginnt erst abends, wenn der Welpe sich müde an seine Geschwister kuscheln möchte. Lassen Sie sich vom Züchter ein Stückchen alte Decke mit dem vertrauten Duft der Kinderstube mitgeben. Wenn der Welpe den vertrauten Geruch an seinem neuen Schlafplatz findet, beruhigt ihn das. Der wichtigste Trost ist Ihre Anwesenheit.

Was der Züchter Ihnen mitgibt

Klären Sie vorher beim Züchter, ob er Ihnen das vertraute Futter für die nächsten Tage mitgibt. Sonst bitten Sie ihn um genaue Angaben und kaufen entsprechend ein. Auch wenn Sie später anderes Futter verwenden wollen, sollten Sie die Ernährung auf keinen Fall gleich umstellen. Vergessen Sie beim Abholen nicht, nach Impfpass, Kaufvertrag, Wesenstest-Bericht und eventuell Ahnentafel zu fragen.

Zur Heimfahrt auf den Schoß

Wenn es sich einrichten lässt, sollten Sie den Kleinen nicht allein abholen. Andernfalls bringen Sie eine Hundetransportbox mit, die Sie so auf den Beifahrersitz stellen und befestigen, dass er Sie sehen kann. Bei längeren Autofahrten sollten Sie eine Pipi-Pause machen. Nehmen Sie den Welpen dabei an die Leine! Auf der Fahrt könnte ihm schlecht werden. Nehmen Sie deshalb Haushaltspapier und alte Frotteetücher mit.

Neugierig das neue Zuhause erkunden

Neugierig wird der Kleine nach der Ankunft Ihre Wohnung erkunden. Wenn Sie einen Garten haben, sollten Sie ihm diesen zuerst zeigen, weil er wahrscheinlich Pipi machen muss. Wenn Sie eine Etagenwohnung haben, braucht der Kleine anfangs ein „Zeitungsklo": Legen Sie an gut zugänglicher Stelle großflächig mit einer dicken Zeitungsschicht aus, obendrauf möglichst eine mit dem Urin des Welpen

Die meisten Welpen sind anfangs kleine Grobiane. Sanftes Ohrlecken muss genau wie vorsichtiges Greifen gelernt werden.

getränkte Zeitung. Sobald der Kleine mit der Nase am Boden suchend umherläuft, tragen Sie ihn schnell auf die ausgebreiteten Zeitungen und fordern ihn freundlich auf: „Paddy, mach Pipi!"

Einnicken geht schnell auf einem Schaffell

Bieten Sie dem Kleinen Spielzeug an und zeigen Sie ihm sein Körbchen, das zunächst genauso gut eine kleine Kiste oder ein Karton sein kann (ohne Heftklammern, ohne chemischen Geruch!), mit einer kuscheligen Decke darin und natürlich mit dem vom Züchter mitgebrachten „Heimatduftträger". Hunde liegen übrigens sehr gern auf Schaffellen oder einfach auf dem Teppich. Lassen Sie ihn aber bitte nicht allein! Er würde sich beim Aufwachen verlassen fühlen.

Vertrautes Futter zur gewohnten Zeit

Füttern Sie das vertraute Futter (lauwarm) zu den gewohnten Zeiten. Rufen Sie ihn zum Essen mit seinem Namen: „Paddy, komm!" Er wird sicher bald neugierig angelaufen kommen, um zu sehen, was es gibt.

So verbindet er mit seinem Namen und der Aufforderung „Komm" etwas Positives. Das hilf Ihnen später, wenn Sie den Welpen zu sich rufen. Nach dem Essen geht's wieder zum Pipimachen.

Erst schlafen, dann spielen

Meistens wollen Welpen nach dem Essen spielen, doch man ist gerade bei großwüchsigen Hunden angehalten, wilde Aktivitäten nach den Mahlzeiten zu vermeiden, weil sonst die Gefahr einer Magendrehung besteht. Bremsen Sie deshalb die Spielgelüste lieber etwas! Nach dem Schläfchen dürfen Sie spielen.

Ignorieren Sie seine Spielaufforderungen, wenn er gerade gegessen hat.

Jetzt bist Du sein bester Freund

Kleiner Hund, ganz fremd

Euer kleiner Hund ist noch genauso ein Kind wie Du. Aber er hat gerade seine Mutter und Geschwister, ja sein ganzes Zuhause verlassen müssen und fühlt sich jetzt bei Euch noch ganz fremd. Wenn Du ihn in diesen ersten Tagen mit viel Rücksicht behandelst und ganz lieb zu ihm bist, wird ihm das am meisten helfen, sich schnell bei Euch wohl zu fühlen. Sei einfach nur da und sprich, spiel und schmuse mit ihm. Lass ihn in der Nacht nicht allein.

Übermütig und verspielt

Du wirst sehen, bald wird er seinen Kummer vergessen haben und genauso verspielt und übermütig, unbekümmert und unvernünftig sein wie Du selbst. Ihr werdet Euch prima verstehen, denn ihr habt ja eine Menge gemeinsam. Auch er wurde schon, bevor er zu Euch kam, von seiner Mutter erzogen und hatte Reibereien mit seinen Geschwistern.

Um die Wette gezogen

Alle Hunde lieben Zerrspiele. Sie wollen ihre Kräfte messen und ziehen, was das Zeug hält. Ihr könnt ruhig ein wenig Tauziehen spielen, aber nicht zu wild. Sein Gebiss ist noch weich und außerdem darf er Dir nicht in die Hände zwicken.

Kleine Tricks

Dein Hundekind lernt liebend gern. Wahrscheinlich findet er die Hundeschule gut und freut sich auch über jeden Trick, den Du ihm zeigst. Vor allem, wenn es dafür Aufmerksamkeit und Leckerchen gibt. Probiert es doch mal mit Pfötchen geben.

Spielregeln für Hunde- und Menschenkinder

Für Hunde
→ Menschenhände sind empfindlich. Wenn der Welpe zu grob an Dir herumknabbert, beendest Du das Spiel sofort.
→ Er sollte immer eine Spielzeugkiste mit genügend Spielzeug zur Verfügung haben. Du möchtest auch nicht, dass Deine Eltern Dein Spielzeug wegschließen und es Dir nur ab und zu geben.
→ Pfoten runter! Wenn Dein Welpe an Dir hochspringt, wird er nicht beachtet. Erst wenn alle vier Pfoten auf dem Boden sind, bekommt er Deine Aufmerksamkeit. So gewöhnst Du ihm das Hochspringen ab.

Für Menschen
→ Wenn Dein Welpe schläft, frisst oder Pipi macht, will er nicht gestört werden. Lass ihn in Frieden, er braucht die Zeit für sich.
→ Du bestimmst, wann das gemeinsame Spiel anfängt, wann es aufhört und wie wild gespielt wird. Wird es zu wild oder zu grob, ist Schluss mit lustig.
→ Welpen haben gute Ohren, schrei also nicht mit ihm herum. Er versteht auch leise Töne und reagiert viel besser auf ein freundliches Wort oder eine leckere Belohnung.

Welpen leben sich schnell ihr neues Zuhause ein. Schon nach wenigen Tagen ist Ihr Welpe ganz der Ihre, es sei denn, Sie kümmern sich nicht genug um ihn. Trotz aller Raufereien, die er tagsüber mit Ihnen im Spiel austrägt, steckt in ihm ein sensibles Seelchen. Und kommt die erste Nacht, will er bei Ihnen sein, sonst bekommt er Angst.

Ihr Welpe soll so oft wie möglich Hundekontakte pflegen können, damit er die Hundeetikette lernen kann.

Die erste Nacht

Stellen Sie nachts sein Körbchen neben Ihr Bett. So merken Sie, wenn der Kleine unruhig wird, weil er muss, und können schnell mit ihm in den Garten oder zum Zeitungsklo eilen. Wenn Sie es mögen, wird er sich auch gern in Ihrem Bett an Sie kuscheln und zufrieden einschlafen.

Wenn sein Körbchen nachts neben Ihrem Bett steht, ist die Welt für ihn in Ordnung.

Welpen wollen kuscheln

Wenn Sie ihn aus dem Schlafzimmer verbannen und z. B. allein in der Küche schlafen lassen, wird er bitterlich weinen. Nicht etwa aus Heimweh, sondern weil das Alleinsein für ihn als Rudeltier völlig unnatürlich ist. Er empfindet es als Lebensbedrohung. Ein weggesperrter Welpe wird sich lösen, ohne dass Sie eingreifen und ihn rechtzeitig nach draußen bringen können. Und er winselt und jault zum Herzerweichen, wenn Sie ihm keine Geborgenheit schenken.

Mit Kleidern ins Bett

Es hat sich bewährt, nachts im Jogginganzug zu schlafen, weil man dann sofort nach draußen gehen kann. Fürs Anziehen hat man kaum Zeit, wenn das Hundekind mal nötig muss. Er wird unruhig werden und aus dem Bett wollen, falls er dort schlafen darf. Ins Bett wird er kaum machen, da er sein Schlaflager in der Regel nicht verschmutzt.

Knabbern, was das Zeug hält

Der Welpe wird sich schnell bei Ihnen zu Hause fühlen und nach Welpenart voller Forscherdrang die Wohnung erkunden. Er tut das sehr „zahngreiflich". Daher sollten Sie vorher die Wohnung „welpensicher" machen und alles wegräumen, was er nicht haben darf. Denn Sie werden ihn nicht ständig genau im Auge behalten können.

Ihr Kleiner wird dabei zu der Erkenntnis kommen, dass das häufigste Wort „Nein!" ist, selbst wenn Sie ihm viel aus dem Weg geräumt haben.

Hunde zum Spielen

Ihr Welpe braucht regelmäßig Hundekontakte, um sich normal zu entwickeln und um sich später unter Hunden sicher und friedfertig bewegen zu können. Ganz ohne Risiko sind diese Hundebegegnungen leider nicht, weil nicht alle Hunde freundlich sind. Auch wenn der Welpe noch keinen umfassenden Impfschutz hat, muss er dringend 'unter Hunde'. Wenn man ihn aus Angst um seine Gesundheit wochenlang von seinen Artgenossen fernhält, schädigt man sein Sozialverhalten.

Schnuppern, schlendern, spielen

Ihr Welpe möchte die Welt erkunden. Gehen Sie mit ihm hinaus. Tragen Sie Hundespielzeug bei sich, z. B. einen Wurfring, einen Hunde-Frisbee, ein Stück festen Stoff (eventuell von einer alten, ausgewaschenen Jeans), alles, was seinen Zähnchen standhält und nicht im Hals stecken bleiben kann, wie etwa kleine Vollgummibälle. Nach einem Spaziergang oder einer Spielstunde im Garten wird er bald todmüde einschlafen.

Reden Sie mit ihm!

Wenn Sie im Haus beschäftigt sind und Ihr Welpe neben Ihnen sitzt oder in seinem Körbchen liegt, ist Zeit und Gelegenheit für ein kleines Gespräch. Erklären Sie ihm die Welt mit klaren, einfachen Worten. Unterhalten Sie sich mit Ihrem Welpen. Sagen Sie Dinge wie: „Gleich kommt Steffi aus der Schule!", „Wo ist denn nur der Ball?". Sprechen Sie auch mit ihm, wenn Sie ihn kraulen und knuddeln. Bald versteht er viel mehr, als Sie für möglich halten!

Spielen und Schlafen wechseln sich ab. Manchmal übermannt ihn die Müdigkeit mitten im Spiel.

Kontakte zu anderen Hunden sind sehr wichtig. Hier kann der Welpe seine Kräfte messen und Hundemanieren lernen.

Das sieht niedlich aus. Aber zwei Welpen und ein kleines Kind gleichzeitig – das ist eine Überforderung.

Auf einen Blick
Grundausstattung für Welpen

Wohnen

Natürlich wohnt der Welpe mit Ihnen in der Wohnung. Doch da kleine Hunde ziemlich neugierig sind und ihre Nase in alles hineinstecken, sollten Sie ein paar Vorbereitungen treffen: Treppen abriegeln, giftige, gefährliche und wertvolle Gegenstände außer Reichweite stellen oder wegschließen, einen Zaun um den Garten ziehen.

Schlafen

Ihr Welpe braucht seinen eigenen Schlafplatz, an dem er seine Ruhe, aber dennoch Familienanschluss hat, zum Beispiel eine Ecke im Wohnzimmer. Stellen Sie ihm ein Körbchen

mit einer Kuscheldecke hin. Manche Welpen bevorzugen Schlafhöhlen. Die ersten Nächte schläft er bei Ihnen im Schlafzimmer. So merken Sie, wann er muss, und er fühlt sich nicht so allein gelassen. Entscheiden Sie, ob der Welpe in Ihrem Bett schlafen darf. Doch seien Sie sich über die Konsequenzen bewusst: Darf er es einmal, darf er es immer (oder Sie trainieren es ihm wieder ab)! Mal ja mal nein versteht Ihr Hund nicht. Manche Hunde ziehen von sich aus wieder aus dem Bett aus.

Checkliste fürs Welpen abholen

für die Hinfahrt:
- → Halsband
- → Leine
- → Tücher
- → Geld
- → Adresse
- → Kamera
- → eventuell Transportbox

für die Heimfahrt:
- → Futter vom Züchter
- → Decke mit „Wurfgeruch"
- → Impfpass
- → Kaufvertrag
- → Quittung
- → eventuell weitere Papiere

Fressen

Ihr Hund braucht einen standfesten Futternapf aus Keramik oder Edelstahl und eine Wasserschüssel, die er immer erreichen kann. Kaufen Sie das gleiche Futter, dass der Züchter gegeben hat. Zumindest für die ersten Wochen.

Spazieren gehen

Kein Spaziergang ohne Halsband mit Ihrer Telefonnummer und Leine. Achten Sie darauf, dass das Halsband nicht zu schmal und in der Länge verstellbar ist, so dass es mit dem Welpen „mitwachsen" kann. Sie können zwischen Leder und Nylon wählen. Eine Leine, die zwischen 1,5 und 2 Meter lang und längenverstellbar ist, ist am zweckmäßigsten, dazu eine lange Flexi-Leine.

Spielen

Im Zoofachhandel finden Sie eine Fülle an Welpenspielzeugen: Die Palette reicht von Schleuderbällen über Seilknoten, Quietschtieren und Hundefrisbees bis hin zu Gummihühnern. Wählen Sie aus, was für ihn geeignet und ungefährlich ist. Sie können auch selbstgemachtes Spielzeug verwenden.

Bürsten

Je nach Rasse ist das Fell mehr oder weniger pflegeintensiv. Bei Kurzhaarrassen reicht es, einmal die Woche mit einer weichen Bürste über das Fell zu fahren, bei langhaarigen Exemplaren brauchen Sie spezielle Kämme. Ihr Züchter wird Sie gern beraten.

Gut versichert?

Welpen sind von Natur aus recht stürmisch. Da kann schnell ein Unfall passieren oder die weiße Hose der Nachbarin in Mitleidenschaft gezogen werden. Schließen Sie daher unbedingt eine Haftpflichtversicherung für Ihren kleinen Wirbelwind ab.

2

Ernähren und pflegen

Was Welpen wollen

Wenn es nach Ihrem Welpen ginge, würde er am liebsten erst genüsslich einen Pferdeapfel verzehren, dann ein paar ausgebuddelte Mäusebabys hinterherschieben, ein paar Hagebutten vom Strauch pflücken und ein paar Grashalme anknabbern. Und das würde ihm meistens gut bekommen. Aber es geht ja nicht nach seiner Schnauze. Das wäre bei all der Chemie in unserer Umwelt bis hin zum Rattengift, das die Mäuse gefressen haben könnten, zu gefährlich.

Frisches Wasser in einem großen Gefäß sollte immer bereitstehen. Wechseln Sie es an warmen Tagen mehrmals täglich. Wenn Sie Trockenfutter füttern, muss Ihr Hund mehr trinken.

Füttern Sie das, was der Hund kennt

Somit entscheiden wir ganz allein, was unser Wohlstandswauwau frisst bzw. fressen darf. Trotzdem wäre für ihn der Pferdeapfel durchaus ein kulinarisches Highlight und überdies auch noch ein gesundes. Nehmen Sie sich die Ratschläge des Züchters zu Herzen und füttern Sie den Welpen weiterhin so, wie er es gewohnt ist. Informieren Sie sich, was für Ihren Hund gesund ist, ob es rassespezifische Besonderheiten gibt und was anderen Hunden dieser Rasse gut bekommt.

Mehrere Mahlzeiten am Tag

Der Welpe sollte in den ersten Wochen bei Ihnen viermal täglich fressen dürfen. Dann können Sie nach und nach auf drei und beim neun bis zwölf Monate alten Hund auf zwei Mahlzei-

Bei so einem Langohr essen die Ohren schon mal mit!

ten übergehen. Füttern Sie möglichst immer zu den gleichen Zeiten und bieten Sie das Futter zimmerwarm an (nicht aus dem Kühlschrank). Der gefürchteten Magendrehung kann man besser mit über den Tag verteilten kleineren Futterportionen vorbeugen als mit einem Futterständer. Lassen Sie übrig gebliebenes Feuchtfutter nicht stehen, weil es schnell verdirbt. Trockenfutter dagegen kann man den Welpen ruhig nach seinem eigenen Rhythmus fressen lassen.

An so einem Büffelhaut-knochen muss er ganz schön lange nagen!

Zum Frühstück einen Pferdeapfel

Der Hund ist wie sein Vorfahre, der Wolf, zwar ein Fleischfresser, aber nicht ausschließlich. Denn dieser frisst seine Beutetiere mit Haut und Haar, also mit allem, was an ihnen dran und drin ist. Dazu gehören Knochen, Knorpel, Fell, Federn und Mageninhalt. Die Pflanzenfresser unter den Beutetieren, etwa Maus, Kaninchen, Rebhuhn oder Hase, haben alle vegetarisch gegessen und die Kost mehr oder weniger verdaut. Dazu nutzen sie viele Bakterien, die diese Nahrung zerkleinern. Diese vorverdaute Pflanzenkost ist für den Hund ein wichtiger Nahrungsbestandteil.

Lecker Pansen

Außer rohem, ungewaschenem Pansen und Blättermagen mit ihren wichtigen Wirkstoffen können wir unserem Hund heute nur noch selten Gedärme mit Inhalt bieten, aber wir müssen ihm einen Anteil an schon gut aufgeschlossener Pflanzennahrung geben. Das heißt, wir müssen die vegetarische Kost so vorbereiten (zerkleinern, kochen, Öl hinzufügen), dass das Verdauungssystem des Hundes die darin enthaltenen Inhaltsstoffe nutzen kann.

Kauknochen ja, aber keine echten

Neben diesen Mahlzeiten braucht der Welpe unbedingt Büffelhaut-Kauknochen, getrocknete Ochsenziemer, harte Hundekuchen und Ähnliches zum Kauen. Mit etwa vier bis fünf Monaten ist er im Zahnwechsel und hat dann ein besonders starkes Kaubedürfnis. „Echte" Knochen führen leicht zu Verletzungen und üblen Verstopfungen. Röhrenknochen vom Geflügel sollten absolut tabu sein. Jeder gekochte Knochen wird spröde und damit gefährlich. Gegen eine leckere Kalbsrippe ist nichts einzuwenden.

→ **Was Welpen nicht fressen dürfen**

Zwiebeln, Weintrauben und Schokolade sind für Hunde giftig. Bereits eine Tafel Schokolade mit dem im Kakaopulver enthaltenen Theobromin kann für Hunde tödlich sein. Achten Sie also darauf, was Ihr Hund zwischen die Zähne bekommt.

Im Dschungel der Futtervielfalt

Hundefutter gibt es in Hülle und Fülle. Achten Sie auf die optimale Futterzusammensetzung und lassen Sie sich von Ihrem Tierarzt oder einem Ernährungsfachmann beraten.

Wo Hund drauf ist, ist hoffentlich auch gutes Hundefutter drin.

Unsere Hunde leben wie wir im Fastfood-Zeitalter. Nur schnell den Nippel von der Lasche ziehen, und schon entströmt der Dose oder dem Alu-Portionsschälchen der für uns Menschen appetitliche Duft einer Mahlzeit. Man kann auch einfach ein paar Hände voll Trockenfutter greifen, es den Hund knuspern lassen oder es einweichen, und schon ist der Wohlstandshund versorgt, und das sogar gut, vorausgesetzt man greift nicht zum minderwertigsten Futter. Das ist, wie Tests zeigen, aber nicht unbedingt das billigste!

Qualität aus der Dose

Die seriösen Futtermittel-Hersteller stellen sicher, dass in ihrem Angebot (Dosenfutter wie Trockenfutter) alles enthalten ist, was den Hund gesund und fit hält. Selbstverständlich sollte sein, dass Sie ein gut verträgliches Futter wählen.

Kritischer Blick auf die Packung

Lesen Sie deshalb die Packungsaufschriften kritisch. Holen Sie sich lieber einmal zu viel Rat vom Züchter oder Tierarzt als einmal zu wenig. Wenn Sie ein Fertigfutter in die engere Wahl gezogen haben, können Sie sich auch beim Hersteller erkundigen. Einige Firmen haben sogar ein Kundentelefon. Schon mit ca. sieben Monaten haben die meisten Rassen das Hauptgrößenwachstum abgeschlossen und stecken in der Pubertät. Deshalb ist gerade in den ersten Monaten, die der Welpe bei Ihnen ist, die Ernährung enorm wichtig.

Weniger kann mehr sein

Ein Großer frisst viel, ein Kleinhund wenig? Das stimmt nur auf den ersten Blick. Denn der träge Hunderiese braucht eher weniger Futter als ein mittelgroßer Sportlertyp. Das heißt, im Verhältnis zum Körpergewicht benötigt ein Border Collie, der regelmäßig zum Agility geht, deutlich mehr, als ein Berner Sennenhund, der sich kaum bewegt.

Spezialkost für große Rassen

Je größer Ihr Welpe einmal werden wird, umso folgenschwerer ist eine Mangelernährung. Andererseits darf man ein Riesenbaby keinesfalls überfüttern, im Gegenteil: Denn wenn es zu dick wird oder zu schnell wächst, hat das negative Auswirkungen auf die Gelenke. Die Richtlinie heißt: optimale Futterzusammensetzung und zurückhaltend füttern! Für großwüchsige Welpen finden Sie Spezial-Aufzuchtfutter im Angebot.

Gute und schlechte Futterverwerter

Nicht nur die Größe, sondern auch das Temperament, die Fellart und die Haltungsbedingungen beeinflussen den täglichen Nahrungsbedarf eines Hundes. Außerdem gibt es, wie beim Menschen auch, gute und schlechte Futterverwerter. Genaue Mengenangaben für die Fütterung sind somit nicht möglich. Halten Sie sich anfänglich an die Ratschläge des Züchters, berücksichtigen Sie die Angaben auf der Verpackung und beobachten Sie Ihren Hund: Wird er nicht satt oder magert sogar ab, war's zu wenig.

Mittelgroße und kleine Rassen

Mit Ausnahme der Großhunde sollte man Welpen nach Appetit fressen lassen, aber keinesfalls seinen Ehrgeiz daran setzen, möglichst viel in den Hund „hineinzufüllen". Es ist nämlich ein Irrtum zu glauben, dass sich ein dicker Welpe zu einem großen Prachtexemplar entwickelt. Vielmehr wird ein dicker Welpe einfach nur ein dicker Hund mit allen gesundheitlichen Folgen.

Damit's ein Prachtkerl wird, braucht der Welpe das richtige Futter.

Alleinfuttermittel

Wenn Sie Ihrem Hund ein als „Alleinfuttermittel" bezeichnetes Futter geben, heißt das, dass wirklich alles enthalten ist, was er braucht. Füllen Sie ihn bitte nicht noch zusätzlich mit Vitamin- und Mineralpillen ab. Ein Zuviel an Mineralien kann z. B. zu Ablagerungen in den Gelenken des Junghundes führen. Dagegen können Sie schon mal einen Apfel, Petersilie, gedünstete Möhren, einen Löffel Hirsebrei oder weichen Naturreis, etwas Hüttenkäse oder Ähnliches dazugeben, aber reichern Sie die Nahrung nicht zu stark mit Eiweiß an.

Welpenfutter für die erste Zeit

Spezielles Fertigfutter gibt es für jedes Alter und für jeden Aktivitätsgrad (und auch als Diät bei vielen Krankheiten): Geben Sie erst Welpenfutter, dann Futter für den heranwachsenden Hund und dann solches für erwachsene Hunde.

EXTRA
Das Fertigfutter-ABC

Was ist drin? Was steht drauf? Worauf muss man achten?

Alleinfutter enthält alle Nahrungsbestandteile in einem ausgewogenen Verhältnis. Nichts weiter hinzufügen!

Antioxidantien sind synthetisch oder natürlich; verhindern, dass das Fett im Trockenfutter ranzig wird.

Aromastoffe werden zugesetzt, damit das Futter gut riecht, sind meist künstlich hergestellt und völlig überflüssig.

Bio-Hundefutter enthält keine künstlichen Stoffe, sondern nur biologisch angebaute Pflanzenkost und echtes Fleisch (kein Pressfleisch, Soja oder Schlachtabfälle) aus Bio-Viehzucht.

Calcium-Phosphor-Verhältnis: Wichtig ist ein ausgewogenes Verhältnis von Kalzium und Phosphor; Ideal: 1,2 zu 1 (Ca:P).

Chondroitin: Vitalstoff aus Haifischknorpel, schützt die Gelenke.

Dinatriumglutamat (und andere Glutamate): Überflüssige Geschmacksverstärker.

Emulgatoren sorgen dafür, dass sich Fett- und Wasseranteile verbinden, eher unschädlich.

Ergänzungsfutter: Futtermittel, mit denen der Hund nicht ausschließlich ernährt werden kann, z. B. Getreideflocken, die zum Fleisch zugegeben werden, oder Vitamin- und Mineralstoffpräparate.

EU-Zusatzstoffe: Sammelbegriff für alle deklarationspflichtigen Zusatzstoffe wie Konservierungsstoffe, künstliche Farbstoffe, Emulgatoren, Antioxidantien. Darauf können Sie getrost verzichten. Sie lösen häufig Allergien aus. Eine Liste der E-Nummern finden Sie unter www.oekotest.de.

Farbstoffe sind im Hundefutter nicht nötig.

Feuchtigkeit: Der Wassergehalt ist in Trockenfutter wesentlich geringer (zwischen 7 und 9 Prozent). In Dosenfutter bis zu 80 Prozent.

Fleischige Brocken Zerkleinertes Fleisch und Getreide, das in Form gepresst wurde.

Glucosamin: Ein fürs Wachstum wichtiger Aminozucker. Unterstützt das Knorpel- und Gelenkwachstum und kann Hüft- und Ellenbogendysplasie vorbeugen.

Hundeflocken zum Untermischen bzw. Beimischen; kein Alleinfutter.

Junior: Futterbezeichnung, ist bis zum Ende des ersten Lebensjahres geeignet.

Kilokalorien (pro 100 Gramm): Angabe des Energiegehalts des Futters.

Lysin und Methionin sind Aminosäuren. Je höher der natürliche Gehalt an Lysin und Methionin im Fleisch, desto besser ist die Fleischqualität.

Mindesthaltbarkeitsdatum ist wichtig, weil Vitamine schnell zugrunde gehen.

Mineralstoffe: Kalium, Natrium, Kalzium, Magnesium, Phosphor (Phosphat), und Chlor (Chlorid).

Naturidentisch: Geschöntes Wort für einen synthetischen Zusatzstoff.

Pflanzlicher Eiweißextrakt deutet auf Fleisch hin, kann aber z. B. nur aus Soja sein.

Qualität erkennen Sie am Preis. Die gleiche Menge kann bis zu zehnmal so viel kosten. Allerdings ist teures Futter nicht immer qualitativ hochwertig!

Rohasche: Mineralstoffe, die beim Verbrennen des Futters bei 600 °C übrig bleiben würden.

Rohfaser: unverdauliche Ballaststoffe.

Soja: Pflanzliches Eiweiß. Kann Allergien auslösen.

Spurenelemente: Eisen, Zink, Fluor (Fluorid), Schwefel (Sulfat), Jod, Kobalt, Kupfer, Mangan und Selen. Sind oft zusammen mit Vitaminen und Mineralien dem Futter beigemischt.

Tiermehle: Trotz BSE-Krise sind sie nicht im Hundefutter verboten.

Tierische Nebenprodukte: Fell, Hufe, Knochen und ähnliches.

Trockenfutter benötigt der Welpe viel weniger als Feuchtfutter, um die gleiche Energiemenge aufzunehmen.

Vitaminzusätze können sinnvoll sein, weil durch das Erhitzen Vitamine verloren gehen.

Welpenfutter ist sehr energiereich (für große Rassen zu sehr!) – geeignet allenfalls bis zum siebten Lebensmonat.

Zusatzstoffe sind in allen Fertigfutter-Sorten enthalten. Je weniger künstliche Stoffe, desto besser.

Frisch unter den Tisch

Halloween-Spielzeug, das auch noch essbar ist.

Beikost (Kohlehydrate, Ballaststoffe) sollte etwa zwei Drittel zu einem Drittel betragen. Also füllen Sie zuerst gekochtes Fleisch in den Napf, geben darauf die Hälfte dieser Menge an pflanzlicher Beimischung und etwas abgekühltes Kochwasser, mischen und servieren es zimmerwarm.

Kleine Mix-Tour

Zum Untermischen ins Hauptfutter eignen sich weich gekochter Naturreis, Nudeln, Hirsebrei, Bio-Hundeflocken aus Gemüse und Getreide, möglichst aus dem Zoofachgeschäft, gekochte Möhren und Kartoffeln, geriebener Apfel, zerdrückte Banane, Petersilie, Knoblauch, ab und zu rohes Eigelb. Rohes Eiweiß dagegen ist schädlich. Sie können auch Reste Ihrer Mahlzeiten füttern, vorausgesetzt Sie selbst ernähren sich gesundheitsbewusst. Dann schaden Möhrengemüse, Vollkornnudeln etc. Ihrem Welpen nicht. Fettes, Süßigkeiten und stark Gewürztes sollten tabu sein.

Langsam wachsen

Wächst der Welpe rasant, bitte Vorsicht. Denn Welpen und Junghunde größerer und auch mancher kleiner Rassen sollen langsam wachsen, um keine Gelenkprobleme zu bekommen. Achten Sie darauf, dass der Proteinwert in ihrem Futter nicht über 25 Prozent und der Fettgehalt möglichst unter 15 Prozent liegt.

Sinnvoll ist es, eine Mahlzeit am Tag selbst zuzubereiten und ansonsten Fertigfutter zu füttern. Ein richtig befüllter Napf ist dabei wichtiger als ein gut gefüllter Napf. Das Mischverhältnis jeder Mahlzeit von Fleisch (Eiweiß) zu

→ 10 Tipps für Selbstkocher

1. Pferd, Schaf und Rind, Wild, Huhn und Fisch kommen auf den Tisch. Nur Schwein, das lass sein. Schweinefleisch darf auf gar keinen Fall roh oder halbgar gefüttert werden, weil es die für den Hund tödliche Aujetzky-Krankheit übertragen kann.

2. Fettes, Süßigkeiten und stark Gewürztes sollten für Hunde generell tabu sein.

3. Rohes Fleisch – auch wenn es schon etwas müffelt – ist für den Hund am leichtesten verdaulich, es darf aber nicht verdorben sein.

4. Gekochtes Fleisch darf nicht vergammelt verfüttert werden.

5. Ungereinigter Pansen ist durch darin enthaltene Bakterien und Fermente sehr gesund. Wird Pansen gekocht, bleiben darin nur die Grundnährstoffe erhalten.

6. Verwenden Sie möglichst keine Innereien wie Leber und Niere. Sie speichern zu viele Giftstoffe.

7. Gekochtes Fleisch sollte man sparsam mit Jodsalz salzen, rohes Fleisch braucht kein Salz.

8. Ein paar Tropfen kalt gepresstes Distelöl (je nach Größe des Welpen bis zu einem Esslöffel) machen die Mahlzeit leichter verdaulich.

9. Gesäuerte Milchprodukte (Jogurt, Quark, Hüttenkäse) enthalten gesundes Eiweiß, wichtige Bakterien und viel Kalzium (Knochenaufbau!).

10. Fügen Sie dem Futter Mineralkalk-Präparate speziell für Welpen nach Anweisung des Herstellers hinzu. Dosieren Sie keinesfalls höher!

Das große Plus der selbst zubereiteten Kost: Sie ist frisch, enthält auch noch naturbelassene Bestandteile sowie natürliche Vitamine und nicht zuletzt lebende, für die Verdauung wichtige Bakterien.

Erfüllen Sie Hundeträume
Nahrung für die Seele

Sie dürfen Ihren Welpen ruhig nach Strich und Faden verwöhnen: Schmusen Sie mit ihm, erleben Sie gemeinsam tolle Dinge und lassen Sie ihn nicht allein.

„Verwöhnen Sie Ihren Hund!", sagen die einen. „Tun Sie das bloß nicht!", warnen die anderen. Was also? Tun Sie's ruhig. Sie dürfen ihn sogar richtig verwöhnen. Denn die Betonung liegt auf dem Wort „richtig".

Verwöhnen Sie ruhig richtig
Es kommt allein darauf an, womit Sie Ihrem Hund „Gutes" tun: Die Extraportion Futter ist nicht gut. Eine Extraportion Liebe oder ein kleiner Spaziergang zwischendurch sind dagegen echte Renner im Verwöhnprogramm. Einen gesunden Welpen zum kugelrunden, unerzogenen Bettler mit Neigung zum Zwicken und Kläffen verkommen zu lassen, hat eher mit Tierquälerei und nichts mit Tierliebe zu tun. Das versteht man nicht als „Nahrung für die Seele", auch nicht dann, wenn der Hund danach giert, Kekse und Ähnliches zu bekommen.

Gehen Sie auf ihn ein
Gute Pflege fängt schon an, sobald Sie sich Gedanken machen, welche Bedürfnisse der Welpe gerade hat. Beobachten Sie ihn und gehen Sie auf seine Bedürfnisse ein. Suchen Sie das richtige Maß und die optimale Mischung aus Erlebnissen, Spiel, Schlaf, Spazieren gehen und Schmusen. Sprechen Sie mit ihm, geben Sie ihm Sicherheit und lassen Sie ihn nicht allein, solange er noch so klein ist. Er dankt es Ihnen, indem er zum treuen Freund wird.

Dieser Welpe ist noch etwas unsicher. Zum Glück ist sein Herrchen da und gibt ihm Zuspruch.

Traumhafter Schlafplatz
Den halben Tag schläft der Welpe, schläft er aber auch gut? Aus der Sicht eines Welpen gehört zu gesundem, wohligem Schlaf ein Platz an der Mama, mit Wurfgeschwistern neben dran, kuschelig und warm. Und jetzt soll er plötzlich Meter weit weg von Ihnen, entfernt von seiner alten und auch von seiner neuen „Mama", mutterseelenallein im Körbchen schlafen? Tun Sie ihm das nicht an.

Geborgenheit an Ihrer Seite
Geben Sie ihm stattdessen Geborgenheit und holen Sie ihn an Ihre Seite, so oft Sie können. Grundsätzlich sollte das Hundelager an einer geschützten, ruhigen Stelle und möglichst nicht direkt neben der Heizung stehen. Zu isoliert, also in einem Nebenraum, soll es auch wieder nicht untergebracht sein.

Auf jeden Fall möchte Ihr Welpe bei Ihnen sein, wenn Sie abends endlich Zeit fürs Nichtstun haben. Akzeptieren Sie, wenn der Welpe lieber unter dem Couchtisch schläft. Dann kann man ihm sein Schlaflager dort einrichten.

Geben Sie ihm einen Korb

Wenn Sie einen Korb wählen, nehmen Sie einen naturbelassenen. Ideal ist ein ganz unlackierter, der nicht mit Billiglack behandelt ist. Und denken Sie beim Kauf daran: Glänzend schön ist meist auch ganz schön giftig! Dennoch wird auch am Bio-Korb nicht geknabbert. Und das müssen Sie Ihrem Welpen klarmachen. Als Einlage sind alte Wolldecken und Schaffelle am besten geeignet. Neue Hundekissen sollten vor Gebrauch gewaschen werden. Sehr behaglich liegt es sich in einem überzogenen Schaumstoffkorb.

DAS wird Ihr Welpe lieben

→ **Miteinander reden** macht den Hund zufrieden, auch wenn er manches nicht so ganz wörtlich versteht. Sprechen Sie ihn oft mit seinem Namen an. Verwenden Sie immer die gleichen Worte für dieselbe Sache, so lernt er Sie schnell verstehen. Etwa „Komm Spielstunde". Bald wird er schon beim Klang dieser Worte begeistert aufspringen.

→ **Miteinander zum Sport:** Gemeinsame Hobbys wie Agility, Breitensport oder Apportieren tun Seele und Körper gut.

→ **Miteinander die Welt erkunden:** Gehen Sie spazieren mit Ihrem Kleinen, anfangs nur kleine Runden um den Block und zu einer Hundespielwiese, später als ausgewachsener Hund darf er sie zu ausgedehnten Wanderungen begleiten.

Tipp

Wenn der Welpe den Korb zerlegt

Aus dem Korb herausgebissene Weidenstückchen sind spitz und können sich im Hals verklemmen. Knabbert er den Korb trotz Ihres Verbots, ersetzen Sie den Korb durch ein Stoffbettchen oder eine simple Decke.

Lernen im Spiel! Auch wenn wir Erwachsenen es kaum glauben können: Im Spiel lernt nicht nur Hund fürs Leben.

→ **Miteinander in dunkler Nacht:** Alleinsein macht einem Welpen Angst. Er möchte bei Ihnen sein. Stellen Sie sein Körbchen neben Ihr Bett und Ihr Welpe schläft selig bis zum nächsten Morgen, wenn er nicht mal muss.

→ **Miteinander harmonieren:** Wenn Sie ein weitgehend „naturbelassenes Hundemodell" haben, brauchen Sie kaum mehr Pflege als diese obenstehenden Punkte.

Kleiner Pieks mit großer Wirkung

Manche Hunde lieben ihren Tierarzt, sausen freudig in die Praxis und schnuppern neugierig herum. Bei ihnen sehen Sie von Furcht keine Spur, und das, obwohl im Wartezimmer genug verschüchterte Artgenossen sitzen, die deutlich mehr Angst als Tierarztliebe haben, was auch dem unbefangenen Hund nicht verborgen bleiben kann.

Stimmungsübertragung

Ob Ihr Hund hier gramgebeugt oder fröhlich erwartungsvoll sitzt, hängt nicht nur vom Geschick des Tierarztes, sondern auch von der Rasse und von Ihnen ab. Der Hund spürt nämlich Ihre Furcht und Ihre Erwartungshaltung. Beim Impfen passiert jedoch nichts, was Sie oder Ihren Welpen ängstigen sollte oder könnte. Bleiben Sie also locker.

Welcher Tierarzt darf's denn sein?

Die Spritze ist nur ein kleiner Pieks im Nackenfell, den ein Hund kaum wahrnimmt und den ein halbwegs geübter Tierarzt so überspielt, dass der Hund schnell vergessen hat, dass ihm gerade etwas weh getan hat. Suchen Sie sich eine Praxis aus, in der der Arzt neben Fachkompetenz auch Einfühlungsvermögen in die Psyche des Hundes besitzt und auf ihn eingeht. Fragen Sie andere Hundebesitzer nach Tierärzten in der Umgebung.

Es ist wichtig, dass Sie einen Tierarzt finden, den Ihr Hund mag. Sonst kann es sein, dass er den Mediziner nicht an sich heranlässt, wenn er wirklich einmal richtig krank oder verletzt ist.

Zum Impfen mit Pass und Spaß

→ Vergessen Sie nicht, den Impfpass zum Arzt mitzunehmen.

→ Lassen Sie den Welpen im Wartezimmer nur mit Hunden Kontakt aufnehmen, von denen Sie sich vergewissert haben, dass sie nichts Ansteckendes haben, oder behalten Sie Ihren vorsichtshalber auf dem Schoß.

→ Wasser, das im Wartezimmer steht, sollte man den Hund nicht trinken lassen. Vielleicht hat zuvor ein Hund mit einer ansteckenden Krankheit davon getrunken.

→ Fragen Sie nach dem Termin für die nächsten Wurmkuren und nehmen Sie gleich die Paste dafür mit.

→ Decken Sie sich auch mit einem Zecken- und Flohmittel ein.

→ Erkundigen Sie sich vorsorglich nach der Telefonnummer des tierärztlichen Notdienstes (Wochenende und nachts) und schreiben Sie diese zu Ihren wichtigen Telefonnummern.

→ Lassen Sie an den Tagen nach der Impfung für den Welpen alles etwas ruhiger angehen, schließlich soll der kleine Organismus Abwehrstoffe produzieren.

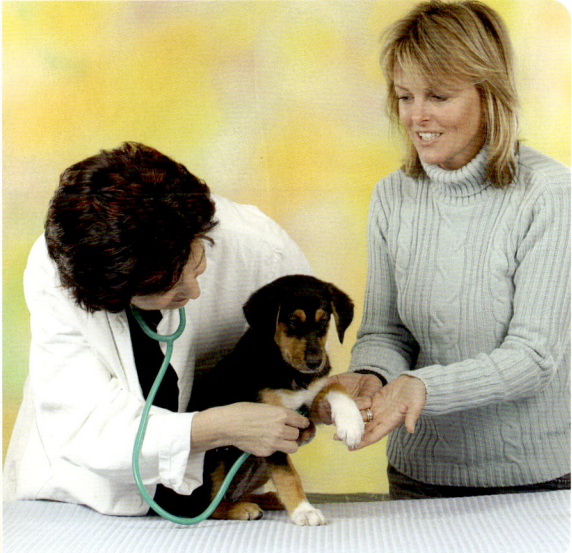

Grundimmunisierung abschließen

Wenn der Welpe zwölf Wochen alt ist, also etwa zwei bis vier Wochen nachdem der Hund zu Ihnen kam, wird der nächste Impftermin fällig, und den müssen Sie selbst wahrnehmen, während die bisherigen Termine vom Züchter veranlasst wurden.

Die nötigen Impfungen

Der Welpe wird gegen Staupe, Hepatitis, Leptospirose und Parvovirose geimpft. Einige Tierärzte nehmen dann schon Tollwut dazu, andere warten damit noch ein paar Monate, wenn das Wohngebiet zur Zeit nicht tollwutgefährdet ist und keine Auslandsreise oder Hundeausstellung ansteht. Damit ist dann die Grundimmunisierung des Hundes abgeschlossen. Danach müssen Sie erst wieder in einem Jahr oder – je nach Wirksamkeit – nach einem längeren Zeitraum zum Tierarzt, um die Impfungen aufzufrischen, vorausgesetzt der Welpe bleibt gesund und Sie haben sich bei diesem Tierarztbesuch mit Wurmkur und Zeckenmittel eingedeckt.

Untersuchung gibt Sicherheit

Der Tierarzt wird neben dem Allgemeinzustand auch Pfoten, Fell, Haut und die Ohren des Welpen untersuchen. Bei Rüden kontrolliert er, ob schon beide Hoden „abgestiegen" sind. Keine Panik, wenn sie noch nicht im Hodensäckchen sind. Allerdings ist etwa nach dem 8. Monat für Hoden, die noch im Bauchraum sind, kein Durchkommen mehr. Sie sollten demnächst operativ entfernt werden, weil sich bösartige Zellen bilden könnten.

Alle geben sich cool und freundlich. Der Kleine macht sich sein eigenes Bild, ob's beim Tierarzt gefährlich ist oder nicht.

→ Impfschutz

Alter	Impfung gegen
6–8 Wochen	Parvovirose, Zwingerhusten
8–10 Wochen	Staupe, Hepatitis (HCC), Leptospirose
10–12 Wochen	Parvovirose, Zwingerhusten
12–14 Wochen	Staupe, Hepatitis (HCC), Tollwut
16 Wochen	Parvovirose
Jährliche Wiederholung	Leptospirose, Parvovirose, Staupe, Hepatitis (HCC), Zwingerhusten, Tollwut

Krankheiten erkennen

Die besten Chancen auf ein gesundes Hundeleben hat ein junger Rassehund oder Mischling mit gesunder Abstammung und artgerechter Kinderstube, wenn Sie ihn frühestens im Alter von acht Wochen zu sich nehmen.

Mancher ist krank von Anfang an

Ganz anders ist die Situation bei Welpen von der Straße, solchen Urlaubsmitbringseln, die man aus Mitleid aufnimmt oder bei den armen Kerlchen aus Massenfabrikationen und Hundehandel, die man aus Unwissenheit kauft. Oft nur vier bis sechs Wochen alt, kommen diese Babys meist krank und ohne ausreichende Abwehrkräfte zu Ihnen.

Gehen Sie die Checkliste durch

Haben Sie einen Welpen mit einem oder mehreren in der Checkliste aufgeführten Anzeichen, gehört er umgehend in die Hände eines Tierarztes, denn ein krankes Hundekind kann innerhalb kürzester Zeit sterben. An Wochenenden und nachts gibt es einen tierärztlichen Notdienst.

Gelenk-Probleme

Häufig haben schon Junghunde schlimme Gelenkprobleme und gehen lahm. Sie können sich natürlich beim Spielen (Vorsicht auf glatten Böden!) verletzt haben, es kann sich beim Humpeln aber leider auch schon um Schmerzen durch eine sehr schwere Hüftgelenkdeformierung (HD) oder durch falsch ausgebildete Kniegelenke handeln. Auch Wachstumsstörungen kommen vor. Gehen Sie zum Tierarzt.

Pickel auf der Haut

Welpen haben ein empfindliches Bäuchlein, an dem sich leicht kleine Pickel bilden. Schießen Sie nicht gleich mit Kanonen auf Spatzen: Mit Traumeel-Salbe oder Nivea-Creme bekommt man diese Hauterscheinungen meist weg.

Schreiben Sie sich Fragen an den Tierarzt lieber vorher auf, sonst sind Sie schon wieder draußen, wenn sie Ihnen einfallen.

Bei wilden Spielen kann sich der Kleine verletzen. Auch lange Spaziergänge oder am Fahrrad laufen lassen ist für die noch im Wachstum befindenden Gelenke schädlich.

Magen-Darm-Störung

Magen-Darm-Probleme sind ebenfalls nicht selten. Wenn ein properer Welpe bei gutem Allgemeinbefinden mal eine Mahlzeit nicht frisst, spuckt oder auch ein-, zweimal Durchfall hat, geraten Sie nicht gleich in Panik! Das kann vorkommen, schließlich verzehrt ein Welpe beim Erobern seiner Welt auch mal etwas Unrechtes. Geschieht es häufiger, müssen Sie sich Gedanken über mögliche Ursachen machen. Häufige Ursache für Magen-Darm-Probleme ist unverträgliches Futter. Haben Sie vielleicht scharf gewürzte Wurst oder Ähnliches gefüttert? Manche Hunde reagieren auch auf Inhaltsstoffe ihres Futters allergisch.

Vergiftungssymptome

Bei dem Verdacht, dass der Welpe Gift (auch Tabletten, Reinigungsmittel, Insektizide, Dünger) gefressen haben könnte, wenden Sie sich umgehend an Ihren Tierarzt! Für den Welpen kann es lebensrettend sein, wenn Sie den Arzt genau informieren können, was der Hund Giftiges gefressen hat. Nehmen Sie z. B. den Beipackzettel von Medikamenten oder die Flasche Reinigungsmittel mit. Wenn Sie nicht wissen, womit er sich vergiftet hat, kann das Erbrochene hilfreich sein.

Krankheitszeichen

→ **A**bgeschlagenheit, geringe Spiellust
→ **A**ppetitlosigkeit
→ **T**ränende, gerötete Augen
→ **D**urchfall, wiederholt, vielleicht sogar blutig
→ **E**rbrechen, wiederholtes
→ **F**ell: stumpf mit Schuppen und kahlen Stellen
→ **H**ager bei gleichzeitig dickem, aufgetriebenem Bauch (Wurmknäuel!)
→ **H**usten, der klingt, als ob der Kleine etwas im Hals stecken hat
→ **N**ase: verschleimt
→ **O**hrgänge: bräunlich verschmutzt (Milben!)

Ihr Wirbelwind ist schlapp und lustlos und hat keinen Appetit? Dann sollten Sie mit ihm zum Tierarzt.

Verhaltensauffällig

Auch wenn das Allgemeinbefinden des Kleinen vom Normalen abweicht (Abgeschlagenheit, Apathie, große Unruhe, gekrümmte Körperhaltung, Winseln), sollten Sie zum Tierarzt gehen.

Sprachrohr des Welpen

Beim Tierarzt sind Sie die Stimme Ihres Welpen. Ihr Hund ist auf Ihre gute Beobachtungsgabe und auf Ihre genaue Schilderung beim Arzt angewiesen. Wenn Sie den Arzt unzureichend oder falsch informieren, kann das eine falsche Behandlung zur Folge haben!

Zecke, Floh und Co.

Sie wollen einen Hund bei sich aufneh-
men, aber nicht gleich eine Horde
Flöhe bei sich beherbergen. Auch als
Zecken-„Mutterschiff" fühlt sich Ihr
Hund nicht wohl. Haarlinge, Milben
und noch andere Plagegeister können
ihm sehr zu schaffen machen und
Ihnen im Übrigen auch. Haben sich
Schmarotzer erst einmal eingenistet,
können sie eine Menge Ärger bereiten.
Dabei lässt sich ein Befall mit etwas
terminlicher Sorgfalt ganz verhindern!

*Ständiges Kratzen
des Welpen und kahle
Stellen im Fell deu-
ten auf einen Milben-
oder Pilzbefall hin,
vielleicht auch auf
eine Allergie. Lassen
Sie das vom Tierarzt
abklären.*

Flohzirkus muss nicht sein

Eben hier, nun schon dort, ist kaum da,
hüpft er fort. Einen Floh zu erkennen,
ist ganz einfach: Er hüpft! Schwierig ist,
ihn zu erwischen. Denn er ist schon
weg, wenn man das zweite Mal hin-
guckt. Am ehesten bekommt man ihn
zu Gesicht, wenn er auf der Stirn des
Hundes kurz aus dem Fell auftaucht.
Dann haben Sie gute Chancen, ihn mit
entschlossenem „Pinzettengriff" von
Zeigefinger und Daumen zu fangen.
Zerdrücken lässt er sich nur schwer.
Wer's kann, weiß, dass es knacken
muss. Wer nicht so geschickt ist, löst
den Griff erst unter Wasser.

Flohbefall erkennen und bekämpfen

Schwarze Krümel im Fell, die sich röt-
lich färben, wenn man sie auf feuch-
tem Papier zerdrückt, sind Flohkot mit
unverdauten Blutresten. Flöhe trinken
mehr Blut, als sie verdauen können.

Bei begründetem Verdacht auf Flohbe-
fall kämmen Sie den Kleinen wiederholt sorgfältig mit einem Flohkamm
(Zoofachgeschäft). Flöhe haben das
ganze Jahr Saison, weil sich der Floh-
nachwuchs aus Eiern an warmen, ver-
borgenen Plätzen in der Wohnung, in
Ställen etc. entwickelt. Der Staubsauger
ist der Feind des Flohnachwuchses.
Sehr gründliches Saugen mit hoher
Saugkraft ist eine unschädliche Waffe
gegen Floheier und in Ritzen lauern-
den Nachwuchs.

Von Hund zu Hund

Für den Sprungkünstler ist die Über-
siedlung von Hund zu Hund ein Kat-
zensprung, besser Flohsprung. Und
Flöhe können Bandwürmer auf den
Hund übertragen. (Regelmäßige
Wurmkuren, Kotkontrolle auf Band-
wurmglieder im Kot!)

So macht man Zecken weg

Die bläulich schimmernde erbsengroße „Warze", die der Welpe vor kurzem noch nicht hatte, ist eine Zecke! Zeckenzeit ist zirka von März bis Herbst. Hungrige Zecken lauern auf Büschen und im hohen Gras und las-

Öl aufzutupfen ist verkehrt

Vergessen Sie, was Sie womöglich über das Betupfen der Zecke mit Öl, Klebstoff oder ähnlichen Stoffen, die eine Zecke angeblich zum Loslassen bringen, gehört haben. Das löst bei den Zecken Alarm aus und sie spucken,

Beim Spielen können die Flöhe zwar von Hund zu Hund übersiedeln, doch es muss nicht immer gleich Ungeziefer sein, wenn es mal juckt. Vielleicht stört auch nur das Halsband.

sen sich auf geeignete „Tankstellen" fallen bzw. krallen sich an, wenn man daran vorbeistreift. Einmal Volltanken reicht der Zecke fürs ganze Leben. Man kann sie problemlos mit einer Zeckenzange, die es in jedem Zoofachgeschäft zu kaufen gibt, umfassen und herausdrehen.

Schlecht zu greifende Zecken

Zecken, die an Problemstellen wie Augenlid, Penis, im Ohr oder an den Lefzen sitzen, muss man wenigstens so lange Blut trinken lassen (ein paar Stunden), bis ihr Körper eine gut greifbare Größe hat. Wenn sie randvoll getrunken sind, lassen sie sich auch von alleine abfallen. Das ist immer noch besser, als wenn die Zecke beim unsachgemäßen Entfernen zerreißt, der Kopf in der Haut bleibt und dies zu Entzündungen führt.

was sie an Giftstoffen in sich tragen, in die Saugwunde. Da sie Hirnhautentzündung und Borreliose übertragen können, sollte man diese Reaktion möglichst nicht provozieren. Inzwischen kann man auch schon gegen Borreliose impfen. Die Impfung bietet keinen 100%igen Schutz, kann aber durchaus sinnvoll sein.

> ### Tipp
> **Kein Flohhalsband!**
>
> Schädigen Sie Ihren Welpen nicht mit einem Flohhalsband. Auf jeder Packungsbeilage steht ein Warnhinweis für Eltern, dass Kleinkinder mit dem Giftband nicht in Kontakt kommen sollen. Ihrem Welpen schadet es genauso!

Kämmen auf die sanfte Tour

Gewöhnen Sie den Welpen schon jetzt an sanfte Körperpflege, dann haben Sie es später viel leichter mit dem Kämmen. Wenn Sie dem Kleinen dabei weh tun, ihn erschrecken oder auch einfach nur seine Geduld überstrapazieren, wird ihm vielleicht das „Herumgezerre" an ihm sehr zuwider werden.

Dreck und Matsch aus dem Garten sind absolut kein Grund, um einen Welpen gleich zu baden! Man spült nur Bauch und Beine ab.

Pflegeleichter Babyplüsch

Welpen haben ein kurzes oder teddyartiges, praktisches Babyfell, das bei sauberen Haltungsbedingungen kaum Pflege braucht. Das Bürsten oder das Striegeln mit einem Gumminoppenhandschuh ist aber als Massage gut, und der Kleine soll sich ja daran gewöhnen. Bei Kurzhaar- und Stockhaarhunden reicht auch später das gelegentliche Bürsten, notfalls sogar regelmäßiges Abrubbeln mit einem Frotteetuch und intensives Kraulen und Streicheln. Für Welpen, die später zu wuscheligen oder wolligen Pelztieren werden, ist die Gewöhnung an die Fellpflege besonders wichtig!

Zum Hundefrisör?

Ob ein Hund zum professionellen Hundefrisör muss, kommt auf die Rasse an. Ein Pudel muss zum Beispiel regelmäßig das Fell in Form gebracht bekommen. Und alle anderen, die ebenso vom Frisör abhängig sind, müssen früh lernen, von fremden Menschen an sich herumarbeiten zu lassen. Kein Hund findet das besonders schön!

Welpen müssen selten baden

Lassen Sie Ihr Hundekind ungebadet erwachsen werden! Jedes Bad schadet dem Welpen und bringt Erkältungsgefahr mit sich. Es sollte eine Notfallmaßnahme bleiben.

Der Kopf darf trocken bleiben

Sollte er sich doch einmal in Aas, einem toten Fisch oder in etwas anderem sehr Stinkigem gewälzt haben, muss er doch gebadet werden. Stellen Sie ihn dazu in eine mit handwarmem Wasser so weit gefüllte Wanne, dass ihm das Wasser bis zum Bauch geht. Übergießen Sie seinen Rücken vorsichtig mit Wasser. Benutzen Sie dazu einen Becher. Der Kopf des Welpen sollte auf alle Fälle trocken bleiben. Verdünnen Sie etwas unparfümiertes Hundeshampoo im Becher und schäumen Sie den Welpen damit ein. Reden Sie wasserscheuen Hunden beruhigend zu und machen Sie aus dem Bad keine Schimpf- und Strafaktion! Spülen Sie sein Fell gründlich nach. Rechnen Sie damit, dass er sich heftig schüttelt und dass Ihnen das Wasser aus dem Fell ordentlich entgegenspritzt. Schnappen Sie sich schnell ein Handtuch und rubbeln Sie den Kleinen danach gründlich ab. Spielen Sie anschließend ein bisschen mit ihm, damit er beim Trocknen nicht fröstelt. Lassen Sie ihn an kalten Tagen erst nach draußen, wenn er durchgetrocknet ist!

Körperpflege
Punkt für Punkt

Sollte Ihr Junghund schon Hundefrisör-Kontakte haben, versuchen Sie auch dort zu erreichen, dass er ungebadet verschönt wird.

Gepflegte Ohren

Bohren Sie nicht mit Wattestäbchen oder Ähnlichem im Hundeohr herum! Im Normalfall ist das Ohr selbstreinigend. Bei Milbenbefall, Entzündungen, zu denen schlappohrige Hunde neigen, oder Ohrverletzungen hilft der Tierarzt.

Kurze Krallen und saubere Pfoten

Die spitzen Welpenkrallen werden nach und nach stabiler und laufen sich stumpf. Nur die „Daumenkrallen" an den Vorderpfoten müssen gekürzt werden. Feilen Sie vorsichtig, wenn Ihnen das Schneiden unheimlich ist, oder lassen Sie es den Tierarzt machen. Waschen Sie im Winter das Streusalz von den Pfoten, aber weichen Sie die Pfoten nicht auf!

Geputzte Zähne

Zähne putzt der Welpe durch das Nagen an Kauknochen. Achten Sie beim Zahnwechsel darauf, dass alle Milchzähne ausfallen und die neuen nicht notgedrungen daneben hervorwachsen. Notfalls zieht sie der Tierarzt.

Klare Augen

Gesunde Augen tränen nicht! Wenn Ihr Welpe länger anhaltend tränende Augen hat, klären Sie beim Tierarzt, ob z. B. Wimpern nach innen wachsen. Vielleicht liegt auch eine Allergie vor. Wischen Sie morgens vorsichtig mit dem Finger den inneren Augenwinkel aus, sonst können die Absonderungen zu verklebten Haaren führen.

Der „Schlaf" wird morgens mit einem feuchten Taschentuch aus den Augen gewischt.

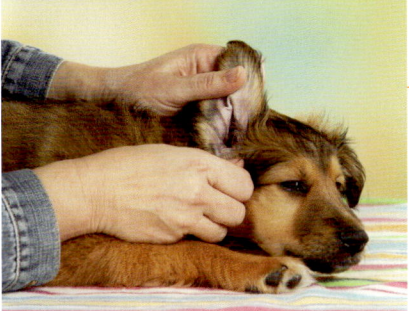

Kontrollieren Sie die Ohren nach Verkrustungen. Die Ohrenkontrolle ist bei Schlappohren besonders wichtig.

Zahnkontrolle: Während des Zahnwechsels will der ein oder andere Milchzahn einfach nicht raus!

Und zu guter Letzt die Pfoten: Humpeln ist ein sicheres Zeichen, dass etwas nicht stimmt. Ist die Hornhaut okay?

Kämmen auf die sanfte Tour |
53

Mein Pflegeplan

Ernährungsübersicht

→ **Für die ersten Tage**
Futter, das der Züchter mitgibt

→ **Später**
Welpenfutter höchstens bis zum 7. Monat, nicht für große Rassen, denn je größer der Hund, desto langsamer soll er heranwachsen. Spezialfutter für Junghunde bis der Hund maximal ein Jahr ist.

Napf-Mischung: Einmal am Tag Selbstgekochtes füttern, sonst Qualitäts-Fertignahrung. Zwei Drittel Fleisch oder Fertignahrung, ein Drittel pflanzliche Beimischung (Flocken, Brot, Kartoffeln, Nudeln, Reis), Quark oder Joghurt

Anzahl der Mahlzeiten: Von viermal täglich allmählich auf zweimal reduzieren, bis der Hund ein Jahr alt ist. Nach dem Essen soll er schlafen.

Täglich

Futter- und Wassernapf
Futter- und Wassernapf reinigen. Ihrem Hund sollte immer frisches Wasser zur Verfügung stehen.

Spazieren gehen
Im ersten Jahr fallen die Spaziergänge noch sehr kurz aus, da den Welpengelenken zu viel Belastung nicht gut tut. Allerdings muss er am Anfang noch recht oft vor die Tür, um seine Geschäfte zu verrichten.

Spielerisch erziehen
In diesem Alter lernt der Kleine noch am besten. Bauen Sie immer mal wieder kurze Übungssequenzen ein. Ein kurzes „Sitz", ein spielerisches „Platz" und ein

liebevolles „Komm" machen Spaß, fördern den Gehorsam und intensivieren die Mensch-Hund-Beziehung.

Schmusen und spielen
Beschäftigen Sie sich viel mit Ihrem Welpen. Spielen und schmusen Sie mit ihm und zeigen Sie ihm die Welt.

Pflege-Check
Langhaarige Rassen werden täglich gebürstet, bei kurzhaarigen reicht es einmal die Woche. Wischen Sie morgens die Augen aus und suchen Sie Ihren Welpen nach Zecken ab (März bis Oktober).

Gesundheitskontrolle

Sind die Ohren sauber? Die Krallen kurz? Die Augen glänzend? Nehmen Sie Ihren Welpen genau unter die Lupe, schauen Sie auch ins Maul und fassen Sie ihn ruhig überall an. Auch das muss er lernen, selbst wenn er anfangs noch etwas zappelt. Kurzhaarige Rassen werden gebürstet.

Wohnungsputz

Je nach Wetterlage werden die Körbe ungefähr alle 8 Tage gereinigt und die Hundedecken gewaschen.

Ab in die Hundeschule

Nutzen Sie die ersten Wochen und besuchen Sie eine Welpenschule. Hier kann Ihr Kleiner seine Sozialkontakte pflegen, mit andere Hunden balgen und allerhand Neues kennen lernen. Trifft man im Freilaufgebiet genügend junge Hunde, ist das auch ideal.

Plagegeister bekämpfen

Tragen Sie im Sommer einmal im Monat ein Zecken- und Flohmittel auf und verabreichen Sie ihm regelmäßig Wurmkuren. Die dafür vorgesehenen Zeitabstände wird Ihnen Ihr Tierarzt mitteilen. Vergessen Sie die Impftermine nicht.

Hundefrisör

Manche Rassen müssen regelmäßig getrimmt werden. Dies geschieht im Abstand von sechs bis acht Wochen. Auch wenn es bei dem kurzen, weichen Welpenfell noch nicht nötig ist, sollte er schon die Umgebung kennen lernen.

Gepflegtes Zubehör

Überprüfen Sie Halsband und Leine nach Beschädigungen. Das Leder freut sich über ein wenig Fett, Nylonutensilien können gewaschen werden. Kontrollieren Sie auch das Spielzeug. Stark beschädigte Gegenstände werden gegen neues Spielzeug ausgetauscht.

3

Erziehen & beschäftigen

Rabauke oder Seelchen?

Bevor der Welpe zu Ihnen kam, hat er schon wichtige Erfahrungen gemacht, die ihn in vieler Hinsicht prägten. Er lernte, dass eine Mutter Nahrung, Wärme und Zuwendung gibt, dass sie geduldig spielt. Zurechtweisungen gibt es bei der Erziehung erst später. Dabei ist die Mutter konsequent, aber nicht grob oder nachtragend. Gleich nach einer Zurechtweisung verhält sie sich als wäre nichts gewesen.

Der Welpe ist ein genauer Beobachter: Er weiß deshalb bald, wovor Sie z. B. unterwegs Angst haben, welche Leute Sie nicht mögen, was Sie aufregt oder freut.

Hinein ins pralle Leben

Auch wenn die eigentliche Prägephase schon vorbei ist, können Hunde in dieser Lebensphase von ihren Erlebnissen noch stark beeindruckt sein. Sie können dies nutzen, um Ihren mit all den wichtigen Situationen vertraut zu machen, die voraussichtlich auf ihn zukommen werden. Lassen Sie ihn daher von Anfang an mit Ihnen zusammen die Welt erkunden.

Jetzt gewöhnt er sich noch am leichtesten an Straßen mit Verkehr, ans Bus fahren, an andere Heimtiere, an Besucher oder an den Briefträger. Es wäre falsch, den Welpen zunächst isoliert heranwachsen zu lassen.

Vorarbeit der Mutter

Schon als Welpe erfuhr der kleine Hund, dass das Leben nicht immer ganz einfach ist und sich „hund" behaupten muss. Er machte zum Beispiel die Erfahrung, dass Geschwister einem die Zitze wegnehmen wollen, an der es besonders gut schmeckt. Er erlebte die Geschwister aber auch als ganz brauchbare Zeitgenossen, an die man sich beim Schlafen kuscheln kann, denen man in den Hals zwicken kann, und die quieken, wenn man ihnen in die Ohren kneift. Er liebte es, welche zu haben, mit denen er herrliche Kampfspiele machen konnte,

bei denen er mit etwas Glück und Einsatz auch mal gewonnen hat, bei denen er aber auch oft unten lag und erfuhr, dass er nicht der Stärkste von allen ist. Ein Welpe lernt so, die Möglichkeiten des Rudels zu nutzen und die Grenzen zu akzeptieren. So bilden sich Regeln aus, die das friedliche Zusammenleben möglich macht.

Der Mensch kommt ins Spiel

Nicht weniger wichtig waren die Kontakte zum Züchter: Der Welpe prägte sich den Geruch des Menschen ein, verband diesen mit einer freundlichen Stimme und streichelnden Händen. Ein Welpe registriert übrigens durchaus, dass der Mensch „Aua" schreit, wenn ihn spitze Zähnchen herzhaft durch die Socke in die Fußzehe zwicken, und er lernt, dass Menschen vorsichtiger behandelt werden müssen als Mutter und Geschwister.

Für uns lässt er die Mama stehen

Und allmählich kapiert der Welpe noch etwas: Dieser etwas andersartige Partner bringt auch noch die leckersten Sachen herbei! Da muss es nicht wundern, dass die Welpen schon mit etwa sechs bis acht Wochen bei einem guten Züchter so vom Menschen fasziniert sind, dass sie dafür sogar ihre Mama stehen lassen. Die ist darüber nicht besonders unglücklich, denn ihr geht die wilde Bande mehr und mehr auf die Nerven.

Der Welpe will erzogen werden

Problemhunde können entstehen, wenn der Welpe oder Junghund die Erfahrung macht, dass sein Mensch

Klar, dass er schnell kommt, wenn es etwas Leckeres gibt.

keine Führungsqualitäten besitzt. Für den Welpen muss es von Anfang an ganz selbstverständlich sein, dass seine Menschen den Gang der Dinge bestimmen. Sie entscheiden, wie lange gespielt wird, sie bringen das Futter – und Sie entscheiden, wann gegessen wird. Sie haben die erste Wahl beim Aussuchen von Ruheplätzen, sie bestimmen unterwegs, wo es langgeht, sie entscheiden, wer freundlich in die Wohnung gelassen wird usw. Und gleichzeitig sind sie liebevolle Partner, mit denen „hund" herrlich schmusen kann. Der Mensch hat nämlich etwas ganz Besonderes:
Er hat Hände zum Streicheln, Kraulen und liebevollen Umfassen.

Die ersten Ausflüge ins Grüne
Spazieren im Schongang

Lange Spaziergänge sind für ein Hundekind noch zu anstrengend und sie könnten auch seinen Gelenken schaden. Trotzdem will und muss er hinaus. Schließlich möchte er seine Umgebung erkunden und andere Hunde kennenlernen! Nehmen Sie ihn an die Leine und lassen Sie ihn, mit Ihnen unauffällig im Schlepptau, auf Schnupper- und Beobachtungstour gehen. Je nach Selbstvertrauen wird er sich weiter weg oder nur eine kleine Strecke von zu Hause wegtrauen.

Geben Sie ihm draußen immer auch die Zeit zu schnuppern, zu horchen und zu beobachten: Autos, Kinderwagen, Fahrräder, Vögel, wehende Blätter, andere Menschen, alles ist für ihn neu und sehr interessant.

Auf den Fersen
Nutzen Sie seinen Folgetrieb. Nie ist die natürliche Bereitschaft des Hundes, dicht bei Ihnen zu bleiben und hinter Ihnen herzulaufen, so groß wie beim zwei bis vier Monate alten Welpen.

Nutzen Sie das aus: Gehen Sie in Hundeauslaufgebieten, auf ungefährlichen Wegen ohne Leine mit ihm. Er wird Ihnen eifrig folgen, um Sie bloß nicht zu verlieren. Rufen Sie ihn ab und zu freundlich (!) bei seinem Namen und kauern Sie sich zu ihm hin. Er wird begeistert an Ihnen hochhüpfen.

Wie der Welpe sich schützt
Schon bald werden Sie dem ersten fremden Hund begegnen und vielleicht Angst bekommen, dass Ihr Kleiner gebissen wird. Diese Angst brauchen Sie im Auslaufgebiet mit vielen Hunden nicht zu haben. Die Hunde dort sind Welpen gewohnt. Die meisten Welpen beherrschen alle Unterwerfungszeichen bestens und wenden sie schleunigst an, wenn ihnen eine Hundebegegnung nicht geheuer ist. Wenn er sein nacktes Bäuchlein nach oben hält, ein paar Tröpfchen verliert und vielleicht gar noch winselt, lässt ihn fast jeder normale Hund, der Welpen gewohnt ist, in Ruhe.

An die Leine bei Angeleinten
Ihr Welpe entwickelt sich hoffentlich durch die regelmäßigen freien Kontakte mit anderen Hunden zu einem verträglichen Typ, der mit anderen Hunden klarkommt. Trotzdem sollten Sie ihn immer anleinen, wenn Ihnen ein angeleinter Hund begegnet. Klären Sie mit ein paar Worten, ob Sie Ihren Wel-

pen loslassen dürfen. Es gibt leider viele Hundehalter, die ihrem Hund nie Kontakte zu anderen Hunden ermöglicht haben, und die sich, genau wie ihre Hunde, vor freilaufenden Hunden fürchten.

Sozialverhalten lernt er nebenbei

Welpen brauchen gerade nach der Abgabe durch den Züchter Umgang mit anderen Hunden. Denn in diesen Wochen lernen sie fürs Leben. Was Sie jetzt versäumen, können Sie später nur mühsam oder gar nicht nachholen. Ihr Welpe erfährt nie wieder auf so tolerante Weise, wie man sich unter Hunden sicher und friedfertig bewegt.

Anders sind die Voraussetzungen, wenn Sie mit Ihrem Welpen einen erwachsenen Hund in dessen Zuhause besuchen: Dort reagieren Hündinnen manchmal sehr ablehnend auf fremde Welpen und können sogar beißen. Rüden sind toleranter, aber auch bei ihnen sollten Sie vorsichtig sein.

Der kleine Springer Spaniel hat etwas Interessantes entdeckt. Geben Sie ihm Zeit zum Beobachten und locken Sie ihn zu sich, wenn es weitergehen soll.

→ Auf dem Spielplatz für junge Hunde

Suchen Sie auf Hundewiesen, in Hundesportvereinen, Hundeschulen, über den Züchter, vielleicht auch über eine Kleinanzeige im Lokalblättchen Kontakte zu anderen Junghundbesitzern. Verabreden Sie sich. Ihr Welpe und Junghund braucht regelmäßig die Gelegenheit zum Spielen mit anderen jungen Hunden, um ein verlässlicher Erwachsener zu werden, der friedlich mit Artgenossen umgeht. Grundfalsch wäre es, sich zu sagen: Ich lasse den Welpen erst einmal ein paar Monate ohne Hundekontakt aufwachsen, dann ist er schon größer und kommt besser mit anderen Hunden klar. Wenn vom Züchter oder Vereinen „Welpenspieltage" angeboten werden, nutzen Sie sie. Mensch und Hund lernen dort viel! Am meisten lernt der Welpe von den anderen Junghunden. Mischen Sie sich nicht zu oft ein!

Stubenrein in 8 Schritten

Welpen müssen erst lernen, dass die Wiese der richtige Ort ist. Als Baby kauern sich alle Welpen hin, egal ob Rüde oder Hündin.

Beseitigen Sie kleine „Fehlleistungen" stillschweigend und gründlich, damit der Welpe nicht, vom Duft animiert, später genau wieder dort hinmacht.

Er möchte es Ihnen ja recht machen, nur wie? Das muss er lernen, das dauert ein bisschen, aber es wird schon klappen! Ihr Welpe versteht ja noch nicht, was Sie von ihm wollen. Und er weiß auch nicht, wie er Ihnen seinerseits mitteilen kann, dass er mal hinaus muss. Nehmen Sie sich in den ersten Wochen die Zeit, ihn genau zu beobachten. Erkennen Sie, was er Ihnen zu sagen versucht, dann wird er schnell stubenrein.

Schritt 1: Zeigen, wo er darf

Je jünger ein Welpe ist, umso weniger bekommt er mit, was bei ihm „da hinten" gerade los ist. Genau wie ein Menschenbaby braucht er ein gewisses Bewusstsein, um sein Pfützchen an geeigneter Stelle platzieren zu können. Und diese Stelle müssen Sie ihm natürlich zeigen.

Schritt 2: Erkennen Sie, wann er muss

Nach dem Schlafen und Essen muss jeder Welpe schnell zum Lösen nach draußen. Manchmal muss er eine Viertelstunde später schon wieder. Glauben Sie ihm bitte, wenn er Ihnen das durch Unruhe, durch Umhersuchen und durch einen verinnerlichten Gesichtsausdruck mitteilt. Wenn der Kleine mit der Nase am Boden suchend umherläuft, vielleicht sogar noch breitbeiniger als sonst, dann plant er sicher Geschäftliches.

Schritt 3: Beeilen Sie sich

Jetzt müssen Sie sehr schnell reagieren. Am besten nehmen Sie ihn, während Sie nach dem Hausschlüssel suchen oder in Ihre Schuhe steigen, auf den Arm. So dichten Sie ihn erst einmal für kurze Zeit ab, denn in solcher Lebenslage macht ein Welpe nur, wenn er gar nicht anders kann.

Schritt 4: Loben Sie ihn

Loben Sie ihn auch unterwegs für seine Pipis und Würstchen und nennen Sie diese wichtigen Produkte ruhig beim Namen: „Feines Pipi, Paddy, fein!" Dann wird er Ihnen zuliebe bald auch Pipis auf Ihre Aufforderung hin machen.

Schritt 7: Gehen Sie vorsorglich raus

Kurz vor dem Schlafengehen geht's noch mal hinaus. Dann kann er schon mit einem Vierteljahr nachts durchhalten. Und sollte er müssen, merken Sie das, wenn er unruhig wird.

Wer spielt, vergisst schnell, dass er mal muss.

Schritt 5: Überfordern Sie ihn nicht

Bringen Sie ihn freundlich und geduldig immer dann zu seinem Löseplatz, wenn Sie meinen, er könnte mal müssen. Reden Sie ihm gut zu, loben Sie ihn überschwänglich, wenn es wirklich klappt, und streicheln Sie ihn anerkennend. Beachten Sie, welche Plätze er selbst für seine Geschäfte aussucht.

Schritt 6: Bleiben Sie eine Weile draußen

Wenn Sie ihn jeweils sofort nach seinen Geschäften wieder schnappen und in die Wohnung tragen, kann das schlaue Kerlchen schnell daraus lernen, dass es lieber erst mal nichts machen sollte, wenn es noch draußen bleiben möchte. Unterschätzen Sie die Intelligenz Ihres kleinen Hundes nicht! Lassen Sie ihm ein bisschen Zeit zum Schnuppern, denn Spaziergänge sind nicht nur zum Pipimachen gedacht.

Schritt 8: Ein Nein genügt

Wenn Sie ihn beim Lösen an unerwünschter Stelle erwischen, nehmen Sie ihn mit einem „Nein" hoch und tragen Sie ihn dorthin, wo er darf. Ist ihm vor Schreck nicht alles vergangen und er beendet sein Geschäft, wird er natürlich wieder sehr gelobt.
Das früher empfohlene „Schnauze-in-die-Pfütze"-Stecken ist Tierquälerei und schüchtert Ihren Welpen nur ein. Er lernt dadurch auf gar keinen Fall schneller, wo der richtige Platz ist.

Das ist mein Revier

Mit einem halben Jahr beginnen Rüden allmählich, ihr Bein zu heben, und das auf jedem Spaziergang viele Male: Parkbänke, Zaunpfeiler, Obstkisten vor dem Geschäft, auch Menschenbeine halten sie schon mal für gute Plätze für ihre wichtigen Düfte! Verbieten können Sie Ihrem Hundejungen diese Informationspinkelei nicht, aber beeinflussen Sie ihn bei der Wahl der Ziele.

Lieben, loben, locker bleiben

Eines der häufigsten Wörter, die ein Hund in seinem jungen Leben zu hören bekommt, ist „Nein!".

In Stress und Angst kann niemand gut lernen, auch kein Hund. Deshalb lernt Ihr Hund auch besser und williger, wenn Sie für ein angenehmes „Lernklima" sorgen.

Jeder Welpe muss erzogen werden. Ob Ihr Hund gerne folgt oder lieber selbst den Ton angibt, merken Sie schnell. Spätestens in den ersten Tagen des Zusammenlebens gewinnen Sie einen Einblick in seinen Charakter. Ist er ein Sensibelchen und möchte alles richtig machen, oder hat er seinen eigenen Kopf? Reagiert er willig auf das erste „Nein!"? Ignoriert er es? Testet er auch noch nach dem zehnten „Nein", ob Sie es wirklich so gemeint haben?

Warten können

Welpen, die sich als akzeptiertes Rudelmitglied in ihrer Menschenfamilie fühlen, entwickeln ganz selten Zerstörungsgelüste, wenn ihre Menschen mal nicht da sind: Sie verdösen die meiste Zeit.

Ganz wichtig ist, dass sich der Welpe in seiner Umgebung absolut sicher und geborgen fühlt, bevor Sie ihn das erste Mal für kurze Zeit allein lassen. Testen Sie seine Reaktion, indem Sie wie selbstverständlich den Müll runterbringen oder zu Ihrem Auto gehen.

Nicht schon vorher trösten

Welpen bringen eine sehr unterschiedliche Bereitschaft mit, allein zu bleiben: Einige akzeptieren es schon nach wenigen Tagen, andere brauchen viele Wochen, bis sie damit zurechtkommen. Haben Sie Geduld und überfordern Sie Ihren Welpen nicht: Ist er erst einmal in Panik geraten, haben Sie es danach viel schwerer.

Machen Sie kein großes Aufheben aus Ihrem Weggehen und trösten Sie den Kleinen auf gar keinen Fall schon voreweg! Dadurch käme auch der dümmste Welpe auf den Gedanken, dass Ihr Weggehen etwas Schlimmes sein müsse. Für Ihren Welpen ist ganz wichtig, dass er nach diesen kurzen Momenten des Alleinseins die Erfahrung macht: Meine Leute kommen immer wieder und sie nehmen die Sache völlig locker.

Begrüßen Sie ihn immer freundlich

Begrüßen Sie ihn immer freundlich, wenn Sie wieder nach Hause kommen, auch, wenn er inzwischen frustriert einiges angerichtet haben sollte. Schimpfen würde er in seiner Hunde-Denkart sowieso nur mit Ihrer Rückkehr in Zusammenhang bringen, nicht mit seinem „Vergehen".
Lassen Sie ihn in einem für ihn gemütlichen Bereich auf Sie warten. Sperren Sie ihn nicht etwa in den Keller, ins Bad oder an einen ähnlich sträflichen Ort!

Allein im Auto

Das kurzzeitige Alleinsein kann man mit Hunden gut im Auto üben: Das Auto ist ein überschaubarer, vertrauter Raum, von dem aus es etwas zu sehen gibt. Wenn der Mensch dann schnell Brötchen holen geht oder die Tochter in den Kindergarten bringt und sein Hund ihn beim Weggehen und gleich darauf beim Wiederkommen beobachten kann, warten die meisten Welpen völlig problemlos.

Besuchen Sie eine Hundeschule!

Damit der Hund ein angenehmer Begleiter wird, ist es nötig, ihn ordentlich zu erziehen. Das gilt auch für kleine Hunde. Die Hundevereine bieten schon für Welpen Übungs- und Spielzeiten an. In der Gruppe übt es sich angenehm und leicht, wenn man einen geeigneten Lehrer hat. Hundeausbilder kann sich jeder nennen; seien Sie also kritisch und suchen Sie sich einen Ausbilder als Hilfe, dessen Erziehungsstil Ihnen liegt. Haben Sie den Mut, sich zu erkundigen, wie er seine Hundeerfahrungen gemacht hat.

Wer erzieht hier wen?   Tipp

Vergessen Sie in den ersten Tagen bitte nie: Nicht nur Sie wollen aus Ihrem Welpen einen gut erzogenen Hund machen, auch Ihr Welpe setzt alles daran, Sie so hinzubekommen, wie er Sie gerne hätte. Und er ist ein Naturtalent im Erziehen von Menschen.

Bleiben Sie nicht in einer Welpenspielgruppe, wenn dort jeder Welpe machen darf, was er will, denn dann werden schwache und ängstliche Welpen oft von robusten Draufgängern schikaniert. Spielgruppen brauchen die richtige Zusammensetzung und pädagogische Anleitung.

Besuchen Sie eine Welpenspielgruppe. Hier lernt Ihr Welpe viele andere Hunde und Menschen kennen.

Vernünftig an der Leine zu gehen, ist gar nicht so einfach. Sobald der Hund zieht, bleiben Sie stehen. Es geht erst weiter, wenn die Leine locker ist.

3 Dinge braucht der Welpe

Wie lernt der Hund? Durch Beobachten, aus Erfahrungen und durch seinen prinzipiellen Lernwillen. Er speichert ab, was er sieht, er meidet, was weh tut oder Angst macht. Er macht und sucht das, was Spaß bringt und guttut. Natürlich ist der eine Hund für manches geeigneter, bringt doch jeder je nach Rasse andere Fähigkeiten mit.

Rudelchef Mensch

Schon bei der Mutter und den Geschwistern lernt der Welpe sich unterzuordnen. Normalerweise bringt jeder Welpe die Bereitschaft mit, sich dem Menschen unterzuordnen und ihm zu folgen.

An der Leine

Welpen müssen sich ganz schön konzentrieren, um vernünftig an der Leine zu gehen. In der ersten Zeit sollte die lockere Leine nur als Sicherheitsleine dienen, die den Welpen vor Gefahren (Straßenverkehr, Stacheldraht, Pferden usw.) schützt. Normalerweise rennt der Welpe ohnehin hinter Ihnen her. Als gut erzogener Hund tut er das auch später noch, wenn er erwachsen ist. Und wenn er doch an der Leine zieht, bleiben Sie einfach stehen oder ändern plötzlich die Richtung oder lassen ihn „Sitz!" üben, damit er sich wieder auf Sie konzentriert. Geht er wieder brav neben Ihnen her, wird er gelobt und belohnt.

„Sitz", „Platz" und „Komm" sollte jeder Hund beherrschen. Üben Sie immer mal wieder zwischendurch und loben und belohnen Sie Ihren Welpen, wenn er es richtig macht.

Sitz

Dieses Signal ist kurz und knapp, das kann der Welpe lernen. Lange Sätze wie „Jetzt setz dich doch endlich mal hin!" sind für ihn völlig unverständlich. Mit dem Signal „Sitz!" in Verbindung mit einem Leckerchen, das Sie ihm hoch über die Nase halten, lernt Ihr Welpe automatisch, sich brav zu setzen, später dann auch ohne Leckerchen.

Platz

Halten Sie das Leckerchen in der Hand knapp über den Boden und ziehen Sie es ein Stückchen vom Welpen weg. Der Kleine will das Leckerchen erreichen und wird sich klein und lang machen und dabei automatisch ins Platz sinken. In dem Moment sagen Sie Platz, loben ihn und er bekommt sein Leckerchen.

Komm

Bei „Komm!" gab's beim Züchter Futter. So wird er sich eilig auf den Weg machen, wenn Sie „Komm" und seinem Namen rufen. Loben Sie ihn, anfangs verbunden mit einem kleinen Häppchen, wenn er angeflitzt kommt. Bauen Sie die Übung immer mal wieder in Ihre Spaziergänge ein.

Bleib

Der Welpe soll eigentlich lernen, so lange sitzen oder liegen zu bleiben, bis Sie ihn mit „Lauf" freigeben. Am Anfang muss er seine Aufgabe nur ganz kurz ausführen, bis er freigegeben wird. Dann wird die Zeit und die Entfernung, in der Sie sich befinden, vorsichtig gesteigert. Eventuell brauchen Sie eine zweite Person, die Ihnen hilft.

→ *Die häufigsten Erziehungsfehler*

→ **1. Schimpfen**
Grundsätzlich schadet Schimpfen mehr als es nutzt. Vor allem ein Hund, der nicht sofort kommt, sollte keinesfalls ausgeschimpft oder bestraft werden, wenn er dann schließlich kommt. Denn ein Hund verknüpft das Schimpfen mit dem, was er gerade tut, und das wäre in diesem Fall das Kommen! Die Folge wäre, dass der Hund das nächste Mal noch weniger schnell oder ganz ungern in Reichweite kommt, weil er die Erfahrung gemacht hat, dass das Kommen für ihn Nachteile hat. Also: immer freundlich bleiben, wenn er kommt!

→ **2. Nicht durchsetzen**
Rufen Sie den jungen Hund nur dann, wenn er sowieso schon kommt oder gute Aussichten bestehen, dass er reagieren wird. Üben Sie „Komm" ruhig an der Leine.

→ **3. Loben ohne Grund**
Wenn Sie loben, dann bitte aus tiefster Überzeugung und ehrlicher Freude. Hunde hören „falsche" Töne sofort und bekommen eine falsche Botschaft.

→ **4. Hinterherlaufen**
Rennen Sie nicht hinter ihm her. Wenn einer folgt, dann ER! Achten Sie darauf, dass er keine Kinder, Jogger oder Radfahrer jagt.

→ **5. Diese Strafen sind tabu**
Stachel-, Würge- und Elektrohalsbänder, schreien oder hauen, all das schadet dem Hund. Das Vertrauensverhältnis wird zerstört und oft versteht er gar nicht, was er falsch gemacht hat.

Rücksicht nehmen, Freiheit geben
Stadtfein muss sein!

Selbst Robinson wäre auf seiner einsamen Insel nicht gerne in ein Hundehäufchen getreten. Aber der musste nur auf sich selbst Rücksicht nehmen. Wir, die zum Teil in einer dicht besiedelten Umwelt leben, müssen zwangsläufig ein paar Regeln beachten. Sonst ist der Ärger schon vorprogrammiert. Ihr Welpe, der sich ja zu einem Mitmachertyp entwickeln soll, wird die

Welpe und Pferd begegnen sich noch vorsichtig. Schließlich muss man das andere Lebewesen erst kennenlernen.

verschiedenartigsten Kontakte haben: Mit Menschen, anderen Haustieren, Wild, mit Parkanlagen, Gaststätten usw. Damit Sie den Kleinen, wenn er groß ist, nicht mehr und mehr zu Hause lassen müssen, „weil es sonst doch nur Ärger gibt!", ist die Erziehung zum umweltverträglichen Hund von Anfang an sehr ernst zu nehmen. Denn: Was Hänschen nicht lernt…

Freundlich zu anderen Menschen

Gewöhnen Sie den Welpen an freundliche Berührungen von hundebegeisterten Fremden. Seien Sie nicht etwa noch stolz darauf, wenn Ihr Hund sich nur von Ihnen anfassen lässt! Denn Ihr Hund kommt immer wieder in Situationen, wo ihn Fremde, oft auch Kinder, spontan streicheln. Er darf dann auf gar keinen Fall zuschnappen!

Der stürmische Begrüßer-Typ

Haben Sie allerdings einen Welpen, der jeden Fremden freudig anspringt und Kleinkindern stürmisch das Gesicht leckt, dann müssen Sie ihm das abgewöhnen, sonst ist späterer Ärger vorprogrammiert. Nehmen Sie ihn an die Leine oder lenken Sie ihn mit einem Spiel ab. Ist er von Ihnen ein Stück weg und näher an den „Opfern" als Sie und reagiert er auf Ihr (natürlich sehr freundliches Rufen) nicht, können Sie es noch mit Wegrennen versuchen. Wenn der Kleine das mitbekommt, wird er eilig hinter Ihnen hersausen. Hat er aber gar kein Auge mehr für Sie, wird er leider seinen ach so lieb gemeinten Überfall durchführen. Auch wenn das vielen Haltern offenbar sehr schwerfällt: Entschuldigen Sie sich bitte bei den Überfallenen und berichten Sie, dass Sie sich sehr bemühen, Ihre Erziehung aber noch in den Kinderschuhen steckt.

Jagdeifer besser direkt bremsen

Sehr wichtig ist es, dass unser Welpe lernt, die Enten im Stadtpark genauso wie die wilden Kaninchen unbeachtet zu lassen. Die Rehe im Wald darf er auch nicht verfolgen und Nachbars Katze hat er gefälligst in Ruhe zu lassen. Das Gleiche gilt auch für Jogger und Radfahrer. Bringen Sie Ihrem eifrigen Jagdgehilfen bei, dass sich diese Exemplare ungejagt durch den Park bewegen dürfen, ohne dass er an ihren Fersen klebt. Wenn Ihr „Nein!" beim frei mitlaufenden Welpen nicht wirkt, dann üben Sie mit Schleppleine, damit Sie Ihrem Befehl Nachdruck verleihen können. Vergessen Sie das Loben nicht, auch wenn sich der Erfolg nur mühsam einstellt.

Bedenken Sie: Ihr Einfluss auf den Welpen ist umso größer, je dichter er bei Ihnen ist. Deshalb: Wehren Sie den Anfängen.

Geschäftliches: Greifen Sie zu

Nicht jeder Welpe deponiert die viel diskutierten Hundehaufen an geeigneter Stelle, oft lässt ihm die Leine oder die Umgebung auch gar nicht die Möglichkeit dazu. Rüsten Sie sich deshalb für die Nachsorge. Bis zur Schäferhundgröße tut es eine Plastik-Frühstückstüte oder ein schwarzer Gassi-Beutel: Hand hinein, das warme, weiche Produkt gegen alle inneren Widerstände greifen, Tüte mit der anderen Hand darüberstreifen – und staunen, dass entgegen allen Befürchtungen die Hände absolut sauber bleiben!

Bei Hunderiesen ist unsere Hand leider als „umfassendes" Greiforgan etwas zu klein geraten. Zwei Tüten braucht man da schon. Es gibt auch verschiedenartige käufliche Kotgreifer; die meisten sind leider schon als Leergut recht sperrig. Wenn Sie aber lieber ein Pappschäufelchen benutzen, weil Ihnen das Direkte, Handgreifliche zuwider ist, dann finden Sie im Zoofachhandel das Richtige. Werfen Sie die Tüte schließlich in einen Mülleimer für Restmüll, notfalls nehmen Sie sie mit und entsorgen sie zu Hause.

Ist Ihr Hund auch ein stürmischer Begrüßer-Typ? Bringen Sie ihm bei, dass sich Anspringen nicht gehört, weil es oft Ärger gibt.

Bei allem Lernen: Ein bisschen Freizeit mit dem Hundekumpel muss sein.

Auf einen Blick
Verstehen und erziehen

Die ersten Ausflüge

→ Machen Sie keine zu langen Spaziergänge.
→ Lassen Sie den Junghund nicht neben dem Rad herlaufen.
→ Gesunde Junghunde brauchen auch bei Kälte und Regen keine Schutzkleidung. Man muss sie nur in Bewegung halten und darf nicht zu lange draußen bleiben.
→ Rubbeln Sie den Hund nach dem Regenspaziergang mit einem Frotteetuch gründlich trocken.
→ Lassen Sie ihn nicht im Kalten nass warten.

Entwicklungsphasen

nach Dr.med.vet. Barbara Schöning

1. und 2. Woche:	Neonatale Phase
3. Woche:	Übergangsphase
4. bis ca. 14. Woche:	Sozialisierungsphase
Ab ca. 16. Woche:	Juvenile Phase (Junghundphase)
6. bis 18. Monat:	Pubertät, Geschlechtsreife
Ca. 12 Monate:	Soziale Reife bei kleinen Rassen
18 bis 24 (36) Monate:	Soziale Reife bei größeren Rassen

Stressfrei unter Leute

So kommen Sie mit Hund in der Öffentlichkeit bestens zurecht
→ Benimm lernen in einer guten Hunde-schule
→ Zum Menschenfreund erziehen
→ Unterwegs Leinenpflicht beachten
→ Häufchen entsorgen
→ Jagdeifer bremsen
→ Keine Leute anspringen lassen
→ Anleinen, wo viele Menschen sind

Worte zum Alltag

Der Name Ihres Hundes – Er merkt auf, wartet, was Sie von ihm wollen.
Komm! Hier! – Er kommt herbei.
Halt! Stop! Steh! – Er hält inne, wartet.
Sitz! Platz! Bleib! – Er setzt sich, legt sich, rührt sich nicht von der Stelle.
Fuß! Er steht oder geht neben Ihnen.
Warte! Er bleibt und wartet, bis Sie zurück sind oder neuen Befehl geben.
Mach Pipi! – Hier pinkeln, Häufchen machen.
Braaaav! – Balsam für die Hundeseele.

Hundesport ist IN

Wenn Ihr Welpe ein Jahr alt ist und gesunde Hüften hat, steht dem Wunsch nach Hunde-sport nichts entgegen. Die Jugend begeistert sich am meisten für Team-Test (Grundausbil-dung), Agility (Parcours-Lauf), Dog-Dancing (mit Musik), Dog-Frisbee (werfen und fangen), Vielseitigkeit und Obedience, Turnierhunde-Sport, Fly-Ball (Mannschaftssport) – oder im Winter für Schlittenhundesport oder Ski-Jöring (mit Ski hinterher). Weitere Infos finden Sie auf der Internetseite vom Deutschen Verband der Gebrauchshundevereine: www.dvg-hunde-sport.de oder vom Deutschen Hundesport Verband: www.dhv-hundesport.de .

Mama ist die Größte

In den ersten Wochen wird der Welpe vor allem von seiner Mutter beeinflusst. Ihr Umgang mit den Kleinen prägt die spätere Entwicklung. Sie sollte deshalb ein ausgeglichenes Wesen haben, nicht ängstlich und vor allem freundlich gegenüber Menschen sein.

Es gibt viel zu entdecken

Zusammen mit Mama die Welt kennenlernen gibt Selbstvertrauen und Sicherheit. Durch eine gemeinsame Autofahrt ins Grüne ist der Welpe für die erste Fahrt ins neue Zuhause gut gewappnet.

Die Welt aus Welpensicht

Ich und meine Geschwister

Im täglichen Leben wird der Umgang mit den Geschwistern geübt. Hier wird auch mal gezwickt, in die Ohren gekniffen und an der Rute gezogen. Ist einer zu wild, spielt der andere einfach nicht mehr mit. So lernt man seine Grenzen kennen.

Freundschaften

Nach dem Abholen beim Züchter sind Sie für den Welpen das Wichtigste auf der Welt. Er hat seine Mutter und seine Geschwister verlassen und wird nun mit einer ganz neuen Umgebung konfrontiert.

Hundekumpel in Sicht

Kontakt mit anderen Hunden ist für seine Entwicklung wichtig, doch einen Welpenschutz gibt es nicht. Wählen Sie deshalb die Hunde gut aus, mit denen Ihr Welpe spielen darf. Gehen Sie unfreundlichen Hunden besser aus dem Weg.

Schmusestunden zu zweit

Kleine Wirbelwinde müssen auch einmal zur Ruhe kommen. Zügeln Sie hin und wieder das Temperament Ihres Kleinen, und nehmen Sie sich Zeit für Streicheleinheiten.

Bitte nicht überfordern

Die Nase lecken und kratzen zeigen deutlich: Er ist im Augenblick überfordert. Muten Sie Ihrem Welpen nicht zu viel auf einmal zu. Weniger ist manchmal mehr.

Körperpflege

Bürsten wird durch Leckerchen schmackhaft gemacht. So wird die regelmäßige Körperpflege ein Vergnügen für beide.

Allein zu Haus

Futterspielzeug sorgt bei kurzer Abwesenheit für Beschäftigung. So macht sich der
kleine Welpe z. B. nicht an Möbeln zu
schaffen. Damit das Spielzeug wirklich
attraktiv wird, sollte am Anfang das Futter
sehr leicht herausfallen.

Hundemüde

Richten Sie Ihrem Welpen einen gemütlichen Platz ein, an den er sich zurückziehen kann und wo er nicht gestört wird.
Versüßen Sie ihm diesen Platz, z. B. mit
einem Kauspielzeug, das es nur dort
gibt.

Welpenspiel

Nach dem Verlust der Geschwister ist das
Spiel mit anderen Welpen sehr wichtig.
Schauen Sie sich die Welpengruppe schon
vorher an, bevor Ihr Welpe bei Ihnen ein-
zieht.

Früh übt sich

Schon das erste Sitz können Sie fördern,
indem Sie Ihren Welpen einfach loben,
wenn er vor Ihnen sitzt.

4

Kennenlernen & eingewöhnen

Gut gerüstet
Weichen stellen für die Zukunft

Sie haben schon einen Welpen oder sind dabei, sich einen in Ihre Familie zu holen? Sie und Ihre Familie wollen Spaß und Freude an ihm haben und viele Jahre mit ihm zusammenleben? Dann nichts wie los! Doch von Anfang an muss der kleine Kerl viel lernen. Aus dem süßen Hündchen wird rasend schnell ein erwachsener Hund. Im Augenblick ist er noch niedlich und achtet auf jeden Ihrer Schritte. Wenn Sie wollen, dass das so bleibt, müssen Sie etwas dafür tun. In spätestens einem halben Jahr ist aus Ihrem Welpen ein Halbstarker geworden. Stellen Sie jetzt die Weichen richtig, damit er später allen Lebenslagen gewachsen ist.

Früh übt sich

Oft wird mit der Erziehung begonnen, wenn der Hund ein bisschen älter ist – häufig erst mit sechs Monaten, also bereits in der Pubertät – damit er Zeit hat, sich einzugewöhnen, und seine Freiheit noch etwas genießen kann. Aber würden Sie erst bei einem sechzehnjährigen Teenager mit der Erziehung anfangen? Deshalb zeigen wir Ihnen in der Welpenschule, wie Ihr kleiner Hund schon ab acht Wochen ohne Stress und Zwang die wichtigsten Dinge lernen kann. Auf angenehme Weise sammelt er mit Ihnen zusammen die ersten Lebenserfahrungen und lernt, die Situationen

Zeigen Sie Ihrem Welpen gleich von Anfang an das richtige Verhalten. Die Zeit, die Sie jetzt investieren, macht sich ein ganzes Hundeleben lang bezahlt.

Bei der Übung „Platz" führen Sie Ihren Weplen mit Futter in der Hand in die gewünschte Position. Sobald er liegt, bekommt er das Häppchen.

Dieses Vertrauen und diese Entspannung sind nur möglich, wenn man miteinander gute Erfahrungen gemacht hat.

des täglichen Lebens zu meistern. So kann er sich zu einem selbstsicheren und zuverlässigen Begleiter entwickeln, mit dem man gern sein Leben teilt.

Verhalten wird erlernt

Vieles, was für angeboren gehalten wurde, wie z. B. die Beißhemmung, ist nach heutigen wissenschaftlichen Erkenntnissen nicht angeboren, sondern muss frühzeitig erlernt werden. Dieser Lernprozess, die Sozialisierung, beginnt mit der 3. und dauert ungefähr bis zur 14. Lebenswoche. Hunde in diesem Alter sind besonders aufnahmefähig und beeindruckbar und lernen unglaublich schnell.

Die Welt entdecken

Während der Sozialisierungsphase lernt ein Welpe, mit Menschen, anderen Hunden und allen Lebenslagen zurechtzukommen. Dazu gehört unter anderem spazieren gehen, Auto und Straßenbahn fahren, ins Café gehen, sich bürsten lassen und nicht grob sein. Ein Welpe sollte Kinder kennen und lieben lernen. Dann lässt er sich später nicht so leicht von ihnen erschrecken

und eventuell zum Schnappen reizen. Sogar der Umgang mit anderen Hunden muss gelernt werden – wie gesagt, das alles ist nicht angeboren.

Verpasste Chancen

Je länger es dem Zufall überlassen bleibt, was ein Hund lernt, desto ungewisser sind die Aussichten. Versäumnisse in diesem Alter können häufig nicht mehr aufgeholt werden. Das Tragische daran ist, dass das nicht sofort, sondern erst Monate später augenfällig wird, zum Beispiel beim Eintreten der Geschlechtsreife. Plötzlich wird der kleine, süße Welpe ein wilder, kaum kontrollierbarer oder in manchen Fällen ängstlicher und nervöser Hund.

> ### → Sozialisierung
>
> Die ersten 14 Lebenswochen sind für die Zukunft eines Hundes entscheidend. Sie sind ausschlaggebend dafür, ob ein erwachsener Hund zuverlässig und kinderfreundlich ist, ob er Menschen mag und sich mit anderen Hunden verträgt, ob er in allen Lebenslagen selbstsicher und entspannt bleibt und nirgends unangenehm auffällt. Kurz gesagt, es entscheidet sich jetzt, ob ein Hund ein freundliches, zuverlässiges und geliebtes Familienmitglied werden wird.

Sorgfältig auswählen
Die gute Welpenstube

Im Umgang mit Mutter und Geschwistern wird das richtige Verhalten trainiert. Die Grundlagen dazu sind Hunden angeboren, aber zur richtigen Anwendung ist Lernen und Üben unerlässlich.

Da die Sozialisierung mit der dritten Lebenswoche beginnt, sollten Sie schon den Züchter gezielt aussuchen. Er hat nicht nur durch die Auswahl der Elterntiere ganz entscheidenden Einfluss auf die angeborenen Anlagen eines Hundes. Durch die Umgebung, die er seinen Hunden bietet, legt er in den ersten Lebenswochen auch die Grundlagen für die Sozialisierung der Welpen.

Besuch beim Züchter

Es ist wichtig zu wissen, woher ein Hund stammt. Besuchen Sie Züchter, Hündin und Welpen ruhig mehrmals vor dem Kauf, damit Sie sehen, wie Ihr zukünftiges Familienmitglied aufwächst. Viele Züchter bestehen sogar darauf, Sie vorher kennenzulernen. Ein Züchter, der Besuch ablehnt, hat vielleicht anderes im Auge als Ihre Interessen!?

Erfahrungen sammeln

Ein Hundekind, das in einer Menschenfamilie mit Kindern und vielleicht auch noch mit anderen Haustieren seine ersten Lebenswochen verbringt und mit allen gute Erfahrungen macht, hat später keinen Anlass, sich vor Menschen, Geräuschen, Unruhe und anderen Tieren zu fürchten. Aber Vorsicht: zu viel des Guten kann das Gegenteil bewirken. Zu viel Kontakt mit Kindern kann, ebenso wie unangenehme Erfahrungen, später eine gesteigerte Empfindlichkeit gegenüber Kindern zur Folge haben.

Umgang färbt ab

Der gesamte Wurf sollte einen zufriedenen und zutraulichen Eindruck machen. Achten Sie auch auf die Hunde, mit denen die Welpen zusammenleben. Ängstliche oder aggressive Hunde, besonders wenn das die Mutter betrifft, können durch ihr eigenes Verhalten den Welpen ungünstig beeinflusst haben. Aber auch idyllische Ruhe, vor allem aber wenig Kontakt mit Menschen, sind keine guten Voraussetzungen für die Entwicklung eines jungen Hundes zum Familien- und Stadthund.

Endlich ist es so weit

Welpen werden mit etwa acht Wochen vom Züchter abgegeben. Später sollte es nur dann sein, wenn beim Züchter positiver, enger und häufiger Kontakt des Welpen mit Menschen jeder Altersstufe und jeden Geschlechts garantiert ist. Der Züchter selbst sollte Interesse an einer guten Sozialisierung seiner Hunde zeigen und bereit sein, aktiv daran zu arbeiten.

Auf großer Fahrt

Durch die Besuche beim Züchter haben Sie und Ihr kleiner Hund sich schon kennengelernt und angefreundet. Vielleicht haben Sie sogar schon Autofahren geübt. Das macht das Abholen leichter. Was für Sie nämlich ein freudiges Ereignis ist, bedeutet für den Welpen einen riesigen Schock: Er verliert gleichzeitig Mutter, Geschwister und die gewohnte Umgebung. Das erzeugt Angst. Er könnte das mit dem Autofahren verbinden und sein ganzes Leben davor Angst haben – bis zum Erbrechen. Versuchen Sie also, die Situation zu entschärfen.

Langsam ans Ziel

Das Ziel ist nicht, so schnell wie möglich zu Hause zu sein, sondern vielmehr so schonend und vergnügt wie möglich. Knallen Sie nicht mit den

Türen, fahren Sie langsam. Füttern Sie kleine Leckerbissen, am besten vom gewohnten Futter. Halten Sie unterwegs häufig an und gehen Sie mit Ihrem Hundekind Gassi. Wenn es tatsächlich ein Geschäft macht, verdient es ein großes Lob und ein Leckerli.

Durch regelmäßige Besuche beim Züchter lernt dieser Welpe schon sein neues Frauchen kennen. Da fällt ihm die spätere Eingewöhnung im neuen Zuhause viel leichter. Lassen Sie sich vom Züchter auch die Impfpapiere und die Zuchtunterlagen zeigen.

Endlich zu Hause

Eingewöhnung des Welpen

Durch ihre Rassezugehörigkeit sind Hunde naturgemäß verschieden. Es können auch nicht alle gleich klug sein und gleich schnell lernen. Was der eine rasch versteht, muss mit dem anderen öfter geübt werden.

Erwarten Sie deshalb bitte keine Wunder. Da Welpen sehr beweglich und unternehmungslustig sind, überschätzt man sie oft und erwartet zu viel. Dabei wird leicht vergessen, wie kindlich ein junger Hund in Wirklichkeit noch ist. Zudem versteht er die menschliche Sprache nicht. Wir übersehen das gern und legen bei der Erziehung viel Wert auf Worte. Es gibt aber ein Mittel, das Hunde schneller und besser verstehen können und selbst zur Verständigung benutzen – die Körpersprache. Also zeigen wir doch, was wir wollen, anstatt lange darüber zu reden!

Stubenreinheit

Nehmen Sie an, Sie wären in China. Sie können Chinesisch weder sprechen noch verstehen und auch nicht lesen. Und jetzt brauchen Sie dringend eine Toilette. Nützt es Ihnen viel, wenn man Ihnen den Weg erklärt? Ändert es etwas, wenn man Sie dabei auch noch anschreit? Am meisten wäre Ihnen wahrscheinlich geholfen, wenn man Sie einfach hinführen würde, oder? Genauso geht es auch Ihrem neuen Mitbewohner. Zeigen Sie ihm also, was Sie von ihm erwarten und was er tun soll.

> *Zimmerkennel sind nur für kurze Aufenthalte geeignet, z. B. für Ruhepausen. Der Welpe darf keinesfalls den ganzen Tag eingesperrt und nur stündlich für sein Geschäft nach draußen gelassen werden.*

Wacht Ihr kleiner Hund auf, dann gehen Sie jedes Mal mit ihm an die Stelle, an der er sein Geschäft machen darf. Das sollte eine grasbewachsene und/oder gut aufsaugende Stelle sein. Wenn es eilig ist, dann tragen Sie ihn am besten dort hin. Setzen Sie ihn ab, und wenn er sein Geschäft ordentlich erledigt hat, verdient er ein großes Lob und eine Belohnung.

Schlecht gelaufen

Bestrafen Sie Ihren Hund niemals, wenn etwas schiefgeht. Es war nicht sein, sondern Ihr Fehler, weil Sie nicht auf ihn geachtet haben. Außerdem lernt er durch eine Strafe nicht das, was Sie ihm eigentlich beibringen wollen. Stellen Sie sich folgende Situation

einmal vor: Er sucht und findet schließlich eine gut aufsaugende Stelle auf Ihrem Perserteppich, von seinem Standpunkt aus wunderbar geeignet. Nach der alten Methode packen Sie ihn, drücken seine Nase in die Pfütze und schütteln ihn leicht am Nackenfell. Dann tragen Sie ihn nach draußen und zeigen ihm eine Stelle, wo Sie persönlich seine Pfütze lieber hätten. Sie denken, er hat verstanden, dass er nicht in der Wohnung pinkeln soll. Er hat jedoch etwas ganz anderes gelernt:

→ Nicht an dieser Stelle pinkeln.
→ Lass dich nicht dabei erwischen.
→ Hände sind unberechenbar.

Ein Gitterbett für einen Hund

Niemand kann einen Welpen pausenlos im Auge behalten. Daher ist es sinnvoll, ihn zwischendurch so unterzubringen, dass er nichts anstellen kann, was ihm schaden könnte oder worüber Sie sich später ärgern müssen. Nehmen Sie dazu einen abgeteilten Bereich der Wohnung oder einen

geräumigen Zimmerkennel. Hunde lieben Höhlen und brauchen einen eigenen Platz. Machen Sie diesen Ort besonders attraktiv: Hier gibt es häufig Futter, die besten Spielsachen und wunderbare Kauknochen. So machen Sie diesen Platz rasch zum Lieblingsaufenthaltsort. Der Kennel dient nicht dazu, den Welpen über längere Zeit einzusperren.

Sicher im Kennel – so sind Hund und Umgebung vor Schaden geschützt. Dies ist jedoch nur eine Unterbringung für sehr kurze Zeitabschnitte.

Hinaustragen ist besser, wenn man es wirklich eilig hat. So vermeidet man ein Missgeschick auf dem Weg dorthin. Das ist wichtig, denn jedes Mal, wenn es schief geht, hat der Welpe das Falsche geübt und es dauert länger, bis er zuverlässig stubenrein ist.

Auf ins neue Leben

Der kleine Welpe erobert die Welt

Ihr kleiner Welpe hat die ersten Tage gut überstanden und tapst neugierig durch sein neues Zuhause. Wissbegierig wird er nun Ihren Haushalt, und alles was dazu gehört, ausgiebig erforschen.

echte Übungsfahrten und Übungsgänge. Dabei sollten Sie selbst entspannt sein. Üben soll allen Beteiligten Spaß machen. Stress, Druck oder zu langes Üben schadet und bewirkt eher das Gegenteil.

Im Spiel können Verhaltensweisen aus allen Lebensbereichen gezeigt werden. Durch Signale zeigt man sich gegenseitig immer wieder: Wir spielen, das ist kein ernster Kampf.

Ungewohntes Kennenlernen

In den ersten Wochen ist es wichtig, dass Sie Ihren Welpen an seine neue Umwelt gewöhnen. Gehen Sie in ganz kleinen Schritten vor. Ruhige Straßen, kurze Straßenbahn-, U-Bahn- und Autofahrten sind besser verträglich. Wählen Sie nicht den Tag, an dem Sie in der Stadt eine Menge zu erledigen haben, sondern machen Sie in Ruhe

Kontakt mit Artgenossen

Lange Zeit hat man angenommen, dass Hunde sich von Anfang an gegenseitig verständigen können und wissen, wie sie mit Artgenossen umgehen müssen. In Wirklichkeit ist es etwas anders. Die Grundlagen der Kommunikation sind zwar angeboren, aber, ähnlich wie Kinder ihre Muttersprache im Umgang mit den Eltern lernen, müssen Welpen ihre sozialen Fähigkeiten im täglichen Umgang mit Mutter und Geschwistern schulen. Anschließend muss der junge Hund seine sozialen Fähigkeiten regelmäßig weiter üben. Heranwachsende Hunde, die dazu über längere Zeit keine Gelegenheit haben, verlieren schon erworbene Fähigkeiten wieder. Das geschieht häufig bei längeren Erkrankungen im Welpenalter, wenn er keinen Kontakt haben darf, weil es ihm schlecht geht oder er eine ansteckende Krankheit hat, oder bei einem Zwingeraufenthalt ohne Artgenossen.

Welpenspielgruppen

In organisierten Welpenspielgruppen lernen Hunde miteinander umzugehen, und gleichzeitig bekommen Sie Anleitung, richtig mit Ihrem Hund zu kommunizieren. Sehen Sie sich mehrere Welpenspielstunden an und erkundigen Sie sich nach der fachlichen Kompetenz. Denn die Qualität ist sehr unterschiedlich (siehe Kasten). Fragen Sie Ihren Tierarzt nach Adressen.

Kriterien von Welpengruppen

→ Der Umgangston gegenüber Hunden und Menschen ist ruhig, freundlich und entspannt.
→ Der Trainer geht geduldig auf Ihre Fragen ein.
→ Ein Trainer ist für vier bis höchstens sechs Welpen zuständig.
→ Die Welpen werden nicht sich selbst überlassen.
→ Es herrscht weder Drill noch Strenge.
→ Die Welpen werden nicht handgreiflich bestraft.
→ Fragen Sie den Kursleiter nach seiner Ausbildung: wann, wo, wie, bei wem, wie lange.

Spielverderber

Wahrscheinlich stehen Sie mit leuchtenden Augen da und schauen verträumt zu, wie reizend Ihr Kleiner mit anderen Welpen spielt und dabei eine Menge Spaß hat. Diese Erfahrung birgt jedoch eine Gefahr: Er hat Spaß ohne Sie. Wenn Sie nicht ganz durchdacht und zielstrebig mit dieser Situation umgehen, haben Sie gar keine Wahl: Sie sind in jedem Fall der Spielverderber. Indem Sie Ihren Hund rufen, beenden Sie eines der größten Vergnügen, die es im Hundeleben gibt. Ihrer Aufforderung „Komm" zu folgen, bringt für Ihren Hund nichts als Nachteile: Das Spiel mit dem Artgenossen ist zu Ende, er kommt an die Leine und es geht heim. Der Spaß ist vorbei!

Aus dem Ringkampf wird eine wilde Jagd. Im „richtigen Leben" wird immer nur so viel Energie eingesetzt, wie unbedingt nötig. Im Spiel dagegen wird Energie förmlich verschwendet.

Kommen lohnt sich!

Rufen Sie Ihren Hund aus dem Spiel heraus, belohnen Sie ihn mit einem Lob und einem Leckerchen und schicken Sie ihn dann wieder zum Spielen. Das Leckerchen sollte etwas auffallend Gutes sein, damit das Herkommen sich auch tatsächlich lohnt. Die allerbeste Belohnung aber ist, dass Ihr Hund wieder zum Spielen darf.

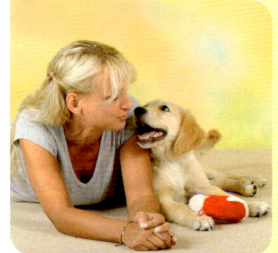

Von großen und kleinen Menschen

Besonders zurückhaltende Welpen müssen viele gute Erfahrungen mit uns Menschen machen. Dazu bietet sich Füttern aus der Hand an.

Unterschiedliche Menschen kennenlernen

Die Grundlagen der Sozialisierung bilden die Erfahrungen, die der kleine Hund schon mit Mutter und Geschwistern gemacht hat. Aber vielleicht hat er außer einer einzigen Person, dem Züchter, noch nie andere Menschen gesehen. Ein Welpe sollte während der Sozialisierungsphase mit möglichst vielen verschiedenen Menschen, Erwachsenen und Kindern, in den verschiedensten Situationen gute Erfahrungen machen. Je häufiger ein kleiner Hund etwas erlebt hat, desto normaler wird es für ihn. Er hat gelernt, keine Angst zu haben und kann unbefangen und entspannt damit umgehen.

Liebe geht durch den Magen

Versuchen Sie Ihre Freunde dafür zu gewinnen, Ihnen bei diesem Training zur Hand zu gehen, vor allem Männer und Kinder, da diese für viele Hunde beunruhigender und Angst erregender sind als Frauen. Das Training sollte immer in angenehmer Umgebung stattfinden, und wieder geht es am einfachsten mittels Futter. Also bitten Sie alle erdenklichen Freunde, Ihren Hund mit der Hand zu füttern und ihn anzufassen. Dies konkurriert möglicherweise mit dem Training, Futter nicht ohne Erlaubnis zu nehmen, aber hier sollte die Sozialisierung absoluten Vorrang haben.

Kind und Hund

Schenken Sie dem Verhältnis von Kindern und Hund gesteigerte Aufmerksamkeit, insbesondere wenn Sie selbst keine Kinder haben und vor allem, wenn Sie irgendwann später Kinder planen. Kinder sind nicht berechenbar, und wenn Ihr Hund vor Kindern keine Angst hat, sondern sie liebt, beugen Sie damit einer ganzen Reihe von unangenehmen Zwischenfällen vor.

Leihen Sie sich, wenn möglich, Kinder von Freunden oder Ihren Nachbarn. Um weder Kind noch Hund zu überfordern, sollte ein Hund am Anfang immer nur ein Kind auf einmal kennenlernen und bitte nur unter Aufsicht. Nur dann können Sie sicherstellen, dass die Erfahrungen für beide Seiten positiv verlaufen.

Mittel der Wahl ist wieder Futter. Ein hungriger Hund ist sehr leicht davon zu überzeugen, dass Hände mit Futter eine gute Sache sind. Er lernt so, ihnen zu vertrauen, sogar, wenn sie sich schnell bewegen. Da er keine Angst davor hat, gibt es auch keinen Grund danach zu schnappen. Lassen Sie also Kinder, die das schon können, den Welpen aus der Hand füttern und die, die dazu zu schüchtern sind, den Futternapf halten.

Nur ein Hund, der dieses Kaninchen als Sozialpartner „kennengelernt" hat, bleibt entspannt. Trotzdem sollte man die Tiere nicht unbeaufsichtigt lassen. Die Sozialisierung gilt zunächst nur für dieses eine Kaninchen, und noch lange nicht für alle anderen! Dafür müsste mit vielen verschiedenen Tieren geübt werden.

Was Hänschen nicht lernt ...
Richtiges Verhalten von Anfang an

Alles, was Sie in den ersten Tagen tun oder Ihrem Hund erlauben, kann ungeahnte Folgen haben. Lassen Sie Ihren Welpen deshalb nur tun, was er als Erwachsener auch darf. Vieles, was an einem Welpen nicht stört oder sogar als lustig gilt, kann beim erwachsenen Hund unerträglich werden. Es wäre nicht gerecht, ihn plötzlich für etwas zu tadeln, was er früher tun durfte.

Es entspannt, wenn man in seinem Korb etwas zum Knabbern hat.

Allein daheim
Auch wenn er noch so süß ist, ein Welpe sollte nicht pausenlos die Aufmerksamkeit seiner Menschen genießen und nur verwöhnt werden. Also machen Sie schon jetzt zwischendurch auch Pausen. Lassen Sie Ihren Welpen kurz allein, ohne sich lange zu verabschieden, und loben und begrüßen Sie ihn beim Zurückkommen auch nicht extra. Das ist ein erster Schritt, um zu vermeiden, dass Sie später einen erwachsenen Hund mit Trennungsangst haben, der, allein gelassen, die ganze Nachbarschaft zusammenheult oder Ihre Wohnung zerlegt.

Das Knabbern im Korb wird zur Gewohnheit. Frauchen darf unauffällig beobachten, aber mehr nicht. Der Welpe soll sich ganz auf seinen Kauknochen konzentrieren.

Sachen zerkauen
Ganz normales Hundeverhalten wird zum Problem, wenn es zur falschen Zeit, am falschen Ort oder am falschen Objekt ausgeführt wird. Das Zerkauen von Gegenständen ist normales Verhalten, das verstärkt in der Zeit des Zahnwechsels auftritt. Am falschen Gegenstand ausgeführt, kann es nicht nur

Frauchen geht einfach kurz mal weg. Kein Grund zur Unruhe. Der Welpe hat im Augenblick eine nette Beschäftigung.

ärgerlich und teuer, sondern für einen Hund u. U. sogar lebensgefährlich werden. Lassen Sie Ihren Welpen also erst gar nicht gebrauchte Schuhe oder andere Kleidungsstücke nehmen. Es gibt keine Garantie, dass er immer richtig wählen wird und nicht eines schönen Tages Ihre neuen, nur einmal getragenen Schweinslederhandschuhe attraktiv findet.

Kauspielzeug

Gefährliche Gegenstände dürfen nicht in Reichweite eines jungen Hundes sein. Stattdessen sollte geeignetes Kauspielzeug angeboten werden, das er nicht verschlucken oder zerstören kann. Es gibt Hundespielsachen, die mit Futter gefüllt und so attraktiv gemacht werden. Wichtig: Am Anfang muss das Futter wirklich leicht zugänglich sein. So wird das Interesse des Hundes gezielt auf Objekte gerichtet, die für ihn nicht schädlich sind. Er kann sich damit beschäftigen und

Am Anfang fällt das Futter einfach aus dem Kong. Später kann dieser auch mit Nassfutter gefüllt werden – daran kann man lange lecken. Den Kong dann aber besser auf Fliesen oder einer waschbaren Unterlage geben.

Bin kurz mal *Tipp* weg

Üben Sie das Alleinbleiben mehrmals täglich, später mit kurz geschlossener Tür, dann mit kurzem Verlassen der Wohnung. Machen Sie aus dem Weggehen kein Drama. Sorgen Sie dafür, dass der Kleine müde und satt auf seinem Plätzchen liegt und ein attraktives Spielzeug in Reichweite hat, mit dem er sich auch einen Moment allein beschäftigen kann. Dehnen Sie die Dauer Ihrer Abwesenheit langsam und in kleinen Schritten aus.

zerkaut nichts anderes. Durch ein Kauspielzeug können Sie ihn auch trainieren, zum Zeitvertreib zu kauen, ähnlich wie Menschen Kaugummi kauen, da es eine lustbetonte Beschäftigung ist. Es ist nützlich, wenn Ihr Hund zur Beschäftigung in Ihrer Abwesenheit zum Kauspielzeug greift. Außerdem: Kauende Hunde bellen nicht! Darüber freuen sich dann die Nachbarn.
Nicht geeignet als Kauspielzeug sind Tennisbälle, da ihre Umhüllung den Zahnschmelz beschädigt. Das gilt natürlich auch für Steine. Auch das Spiel mit Ästen und Stöcken ist mit Vorsicht zu genießen. Beim schnellen Lauf können sich Äste und Stöcke ins Maul spießen und zu Verletzungen führen.
Gehen Sie also lieber nicht darauf ein, wenn Ihr Welpe mit Steinen und Stöcken spielen will. Im Fachhandel gibt es geeigneteres Spielzeug.

EXTRA

Vertrauen aufbauen

Ein junger Hund lernt am leichtesten, wenn alles für ihn selbst wünschenswert ist. So ist es zum Beispiel ein großer Vorteil, wenn er es liebt, angefasst zu werden. In allen Lebenslagen ist es wichtig, den Hund anfassen zu können, denken Sie zum Beispiel an einen Tierarztbesuch oder an die tägliche Körperpflege. Gehen Sie bei den hier beschriebenen Übungen sanft vor und machen Sie das Ganze für ihn und sich zum Vergnügen.

Übung 1

Sorgen Sie dafür, dass Ihr Welpe Hunger hat und Leckerchen gerne nimmt. Eine Futterbelohnung versüßt das Stillhalten und sorgt für Duldsamkeit. Geben Sie ihm, während Sie seine Pfote anfassen und kontrollieren, immer wieder einen Bissen zu essen.

Übung 2

Heben Sie leicht das Ohr nach oben und geben Sie ihm gleichzeitig wieder einen Leckerbissen. So können Sie sich langsam Schritt für Schritt einzelnen Körperzonen nähern.

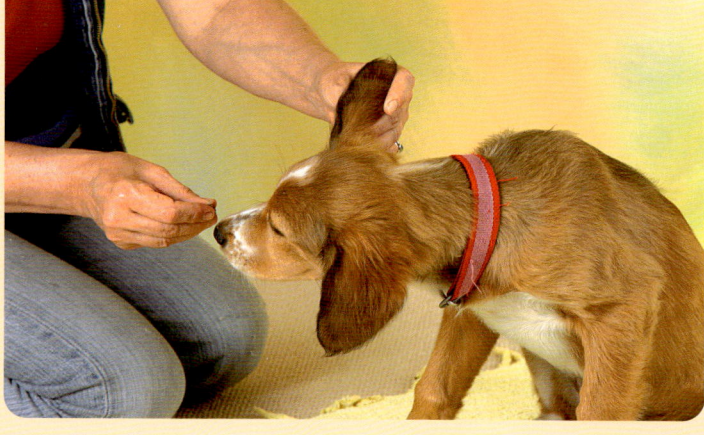

Übung 3

Auch an die Fellpflege können Sie ihn ganz langsam gewöhnen. Zeigen Sie ihm die Bürste. Dann streichen Sie ganz sachte über den Rücken und er bekommt dabei seine Belohnung. Mit der Zeit wird er die Körperpflege genießen und sich auch freiwillig auf die Seite legen.

Sie haben nun zwei Fliegen mit einer Klappe geschlagen: Ihr Hund möchte etwas von Ihnen, nämlich Futter. Er bekommt Bissen für Bissen, während

er alles anschauen lässt. Sie haben die Kontrolle, und er lernt: Was immer Sie tun, ist angenehm. Je vergnüglicher Sie die ganze Sache gestalten, desto lieber macht er mit. Bedenken Sie: Es gibt grundsätzlich keine zweite Chance für den ersten Eindruck. Das gilt auch für Hunde. Sorgen Sie dafür, dass bereits das erste Mal vergnüglich verläuft. Futter ist dabei eine große Hilfe.

Natürlich kann man einen Welpen zwingen, sich das alles gefallen zu lassen. Aber auf Dauer wird das Zusammenleben viel vergnüglicher, wenn die Körperpflege eine angenehme Erfahrung ist.

Gemeinsam Dinge meistern

→ **Auf in die Stadt**
Entdecken Sie gemeinsam die Geräusche, Gerüche und unterschiedlichen Bodenbeschaffenheiten der Stadt. Gehen Sie lieber öfter, aber kurz mit Ihrem Welpen in diese aufregende Welt.

→ **Wer bist denn du?**
Große, kleine, langsame, schnelle, freundliche oder distanzierte Menschen und auch die unterschiedlichsten Tiere werden dem Hund in seinem Leben begegnen. Nutzen Sie jetzt die Zeit zum Kennenlernen.

→ **Mit der Bahn unterwegs**
Lautes Quietschen der Bremsen am Bahnsteig, die Durchsage über den Lautsprecher, viele hastig rennende Menschen, all das kann Ihr Welpe mit Ihnen an seiner Seite als ganz normal empfinden lernen.

→ **Über Stock und über Stein**
Gemeinsam einen großen Ast überklettern, in ein Mauseloch schauen, essbare Beeren von einer Hecke pflücken oder einen kleinen Bach durchqueren stärkt das Selbstvertrauen.

Sag schön „Guten Tag"

Wie Hunde sich begrüßen

Wenn man zu Mama schön „Bitte" sagt, gibt sie das Spielzeug vielleicht her. Erwachsene, gut sozialisierte Hunde behandeln Welpen umsichtig, vorausgesetzt, sie verhalten sich angemessen.

Wie Wölfe sich begrüßen

Obwohl sich Hunde inzwischen stark von Wölfen unterscheiden, kann man eine ganze Reihe von Verhaltensweisen leichter verstehen, wenn man betrachtet, wozu sie beim Wolf dienen.
Ganz junge Wölfe, die ihre Mutter begrüßen, versuchen an deren Mundwinkel zu gelangen, diese anzustupsen und zu lecken. Das veranlasst die Wölfin, das Futter, das sie erjagt und im Magen zum Bau getragen hat, für ihre Welpen wieder hervorzuwürgen. Das Verhalten des Welpen ist angeboren, weil es lebenswichtig ist: Es bewirkt Zuwendung und Futter.

Ein Kuss zur Begrüßung

Aus dem Mundwinkelstupsen entwickelt sich ein Begrüßungsritual, das zeitlebens angewendet wird: Rangniedere Wölfe versuchen unter anderem, den Ranghöheren die Mundwinkel zu lecken. Auch Hunde zeigen dieses Verhalten.
Um bei der Begrüßung an das menschliche Gesicht und die Mundwinkel zu gelangen, versuchen viele Welpen daher von Anfang an hochzuspringen. Uns Menschen ist zwar das Belecken unangenehm, aber das Hochspringen eines Welpen zunächst nicht. Im Gegenteil, wir belohnen es:

Wir streicheln ihn liebevoll. Doch das ändert sich spätestens, wenn der Hund 20 oder 30 kg wiegt, bzw. wenn man gut angezogen ist.

So geht das nicht!

Schimpfen ist leider meist keine wirksame Gegenmaßnahme. Der Versuch, die Mundwinkel zu lecken, gehört, wie das Anheben einer Vorderpfote, zum Demutsverhalten. Je unangenehmer Sie also werden, desto nachdrücklicher versucht Ihr Hund, seine Unterwürfigkeit zu demonstrieren. Er bemüht sich daher immer intensiver, an Ihre Mundwinkel zu kommen und springt beharrlich weiter an Ihnen hoch. Auch Wegschieben nützt erfahrungsgemäß wenig. Daraus kann sich im weiteren Verlauf für Ihren Hund sogar ein Spiel entwickeln. Er beansprucht Ihre Aufmerksamkeit und, ohne es zu wollen, trainieren Sie ihn, Sie anzuspringen.

Was funktioniert?

Hochspringen können Sie abgewöhnen, indem Sie einfach reaktionslos stehen bleiben, wenn Ihr kleiner Hund an Ihnen hochspringt. Reden Sie nicht mit ihm und schauen Sie ihn auch nicht an. Wenn er sich irgendwann mehr oder weniger zufällig hinsetzt, bücken Sie sich sofort, geben ihm ein Leckerchen und loben und streicheln ihn. Hören Sie mit Loben und Streicheln auf, sobald er aufsteht oder wieder hochspringt. Auch Besucher und alle Familienmitglieder sollten sich so verhalten. Nach wenigen Wiederholungen dieser Übung haben Sie einen Hund, der aufmerksam vor Ihnen sitzt, anstatt an Ihnen hochzuspringen. Er weiß, Sie sind leicht erziehbar: Er hat Ihnen beigebracht, ihn zu belohnen, sobald er sich hinsetzt.

Hochspringen lohnt sich nicht – aber hinsetzen. So ist das auch für Herrchen oder Frauchen: Wer den Welpen bei der Begrüßung hochspringen lässt, kann es später nur mit viel Mühe wieder abgewöhnen.

Hausordnung für Welpen

Mutter und Geschwister

Im Gegensatz zu jungen Wölfen besteht für die meisten Hundewelpen das Rudel nur aus Mutterhündin und Geschwistern. Außerdem haben sie Kontakt zur Züchterfamilie. Über die Rangverhältnisse herrschen zu diesem Zeitpunkt kein Zweifel: Die Mutter ist den Welpen eindeutig überlegen und damit ranghoch. Das gilt natürlich auch für alle Menschen. In den folgenden Wochen lernt der Welpe aus dem Verhalten seiner Mutter und der Menschen seine eigene Position innerhalb der sozialen Gruppe.

Das kleine weiße Fellstückchen, um das dieses Spiel geht, ist fast nicht zu sehen. Aber so winzig es ist – es reicht aus, um beide Hunde für längere Zeit intensiv zu beschäftigen.

In einem Wolfsrudel hat jeder seinen festen Platz mit bestimmten Rechten und Pflichten. Das gibt dem Einzelnen Sicherheit in der Gruppe und beugt ernsthaften Auseinandersetzungen vor. Wölfe und Hunde verständigen sich durch Mimik und Körpersprache und bestätigen so die bestehende Hierarchie. An die Regeln hält sich jeder, und jeder kann sich darauf verlassen.

Die Rangordnung

Die Kennzeichen für die Position in einem Rudel sind ähnlich wie in einer Menschengruppe. Wer einen hohen Rang hat, darf mehr als die anderen. Je höher der Rang, desto uneingeschränkter ist der Zugang zu den wichtigen Dingen des Lebens. Das könnte ein guter Schlafplatz sein, ein Spielzeug, das Futter oder auch ein Kauknochen.

Ein untergeordnetes Mitglied hat/darf das alles nicht. Es muss den Platz räumen, Spielsachen oder Futter dem ranghöheren Tier überlassen, wenn dieses das wünscht, und darf erst ans Fressen, wenn es dem Ranghöheren recht ist. Der kann allerdings auch entscheiden, dass sein Hunger gestillt ist, und daher das Futter dem anderen überlassen.

Verhältnis zwischen Mensch und Hund

Im Verhältnis von Mensch und Hund ist eigentlich in keiner Weise fraglich, wer die besseren Karten hat. Ein Mensch hat jederzeit Zugang zu allem, seien das Spielsachen, Schmuseeinheiten oder Futter. Er macht Kühlschrank oder Dosen auf. Er beschließt, wann man spazieren geht. Dennoch gibt es häufig Probleme, wenn Hunde erwachsen sind. Die Ursache dafür ist offen-

Zugang zu wichtigen Ressourcen

Deshalb ist es sinnvoll, wenn dem Welpen von Anfang an deutlich gemacht wird, dass der Mensch derjenige ist, der jederzeit Zugang zu den guten Sachen hat, der also die sogenannten

Und wer älter ist, hat eben die besseren Aussichten, zum Schluss der Besitzer einer so wichtigen Ressource zu sein.

sichtlich: Der Mensch gestattet dem Hund jederzeit freien Zugang zu allen Annehmlichkeiten des Lebens. Das Fressen steht den ganzen Tag zur freien Verfügung bereit. Außerdem kann kaum einer einem Hund, der Spielen oder Zuwendung und Schmuseeinheiten fordert, widerstehen. So gewinnen Hunde den Eindruck, sie seien ranghoch.

Ressourcen kontrolliert. So bekommt der Hund klare Regeln, an denen er sich orientieren kann. Das gibt ihm Sicherheit und ist keine Schikane. Eine sehr einfache Methode, das zu erreichen, besteht darin, den Welpen möglichst oft nicht aus dem Napf, sondern aus der Hand zu füttern. Er sollte sich dabei für jeden Bissen ordentlich vor Sie hinsetzen.

EXTRA
So verstehen Sie Ihren Hund

Hunde kommunizieren nicht über die verbale Sprache wie wir Menschen, sondern hauptsächlich über ihre Körpersprache und Mimik. Beobachten Sie Ihren Welpen genau, dann werden Sie immer besser verstehen, wie es ihm im Moment zumute ist.

Komm, spiel mit mir
Geht Ihr Welpe mit seinen Vorderpfoten nach unten und streckt seinen Hintern leicht nach oben, bedeutet dies meist „Komm, spiel mit mir". Auch das Anstupsen mit der Pfote ist eine Aufforderung. Gehen Sie jedoch nicht jedes Mal auf diese Spielaufforderung ein. Ihr Welpe muss auch lernen, dass Sie nicht immer für ihn verfügbar sind. Initiieren Sie besser selbst ein Spiel, wenn es Ihnen zeitlich passt.

Wo seid ihr?
Wolfsgeheul kann man über weite Distanzen hören und dient dem Zusammenhalt der Gruppe. Fühlt sich Ihr kleiner Kerl verlassen und einsam, kann auch er diese Töne ausstoßen. Da Welpen den Schutz der Familie benötigen, sollten Sie ihn noch nicht zu lange alleine und ihn auch nachts in Ihrer Nähe schlafen lassen.

Bitte tu mir nichts!
Am Boden schnüffeln bedeutet nicht immer, dass da was Tolles zu riechen ist. Dieser Welpe signalisiert, dass er eine Konfrontation vermeiden möchte.

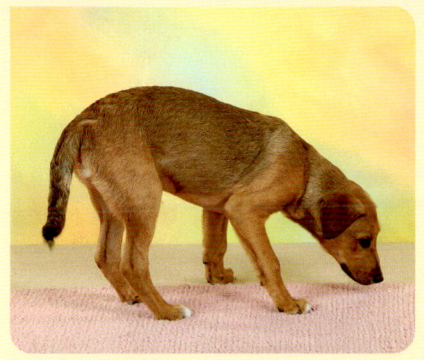

Manche Hunde zeigen dieses Verhalten, wenn sie schnell kommen sollen und man schon etwas verärgert ist.

Vertrauen zu seinem Menschen und beide genießen die Situation. Dieses Vertrauen muss langsam aufgebaut werden.

Du bist der Größte für uns

So aufmerksam zuhören und sich konzentrieren kann nicht jeder. Einem erwachsenen Hund, der das nie geübt hat, fällt es viel schwerer, als einem Welpen. Also am besten rechtzeitig mit dem Erlernen der Aufmerksamkeit beginnen.

Was soll ich tun?

Sieht Ihr Welpe so oder so ähnlich aus, ist er wahrscheinlich völlig überfordert. Kratzen, über die Nase schlecken und Gähnen sind sogenannte Übersprungshandlungen und Anzeichen für Stress. Nehmen Sie Ihren Welpen aus dieser Situation heraus und machen Sie, wenn Sie gerade beim Üben sind, eine Pause oder sogar ganz Schluss.

Oh, ist das schön

Auf dem Rücken liegen bedeutet absolute Hilflosigkeit. Dieser Welpe lässt sich völlig entspannt seinen Bauch kraulen. Er hat ganz offensichtlich

Zähne wie ein Hai

Wie Welpen die Beißhemmung lernen

Beutespiele mit Regeln: Wird der Welpe zu grob, hört das Spiel auf und die Beute verschwindet im Schrank.

Die Rangordnung in der Gruppe wird bei Wölfen immer wieder im täglichen Umgang miteinander gefestigt. Dazu gehört Spielen ebenso wie Streiten. Da aber ernsthafte Verletzungen einzelner Gruppenmitglieder für das Überleben der gesamten Gruppe von Nachteil wären, müssen Wölfe die Kraft und Gefährlichkeit ihres Gebisses gut einschätzen, kontrollieren und richtig dosieren können. Früher hielt man diese Fähigkeit, die sogenannte Beißhemmung, für angeboren. Heute hingegen wissen wir, dass sie rechtzeitig erlernt werden muss, bevor der Zahnwechsel vollzogen ist.

Kein Spiel für Grobiane

Sobald junge Wölfe aktiv werden, balgen sie mit ihren Geschwistern herum und fangen an, ihre Mutter und andere erwachsene Tiere zu belästigen und an Schwänzen und Ohren zu ziehen. Zu Beginn dulden die Erwachsenen das auch, aber sobald die Welpen etwas größer sind, werden sie deutlich in ihre Schranken gewiesen. Auch Geschwister brechen ein Spiel unter Wehgeschrei ab oder wehren sich, wenn einer zu fest zukneift. All das sind Erfahrungen, die den Grobian lehren, seine Zähne dosiert und vorsichtig einzusetzen.

Beißhemmung

Der Welpe muss lernen, dass

→ Zähne im Spiel nicht eingesetzt werden dürfen.

→ das Spiel sofort abgebrochen wird, wenn er zu fest beißt.

→ Beißen nicht geeignet ist, um Zuwendung zu erlangen.

Menschen besitzen kein Fell

Auch Hundewelpen müssen erst lernen, mit ihren Zähnen vorsichtig umzugehen. Bei einem Welpen, der ab 8 Wochen in einer Menschenfamilie lebt, müssen die neuen Familienmitglieder diesen noch nicht abgeschlossenen

Lernprozess weiterführen, damit der kleine Hund eine Beißhemmung entwickeln kann. Der Welpe muss lernen, dass Menschen kein Fell besitzen und man deshalb seine Zähnchen sogar noch behutsamer einsetzen muss als bei den felligen Geschwistern.

Keine Angst vor spitzen Milchzähnchen

Fürchten Sie sich nicht vor den spitzen Milchzähnen. Im Gegenteil: Legen Sie häufig Ihre Hand in die Schnauze des Welpen und spielen Sie mit ihm. Schreien Sie laut auf, wenn er seine Zähne zu grob einsetzt. Egal, ob er dabei in Ihre Haut oder in ein Kleidungsstück beißt. Er muss lernen, mit Menschen immer vorsichtig zu sein. Er darf nicht die Botschaft bekommen: Haut – Zähne dürfen nicht dran; Jackenärmel – da darf man fester beißen.

Vielleicht erwischt er doch einmal Ihre Haut unter dem Stoff, und das könnte für Sie dann höchst unangenehm werden. Ziehen Sie bei diesen Übungen Ihre Hand keinesfalls plötzlich weg, da dies Nachschnappen auslöst.

Spielunterbrechung

Wird Ihr Welpe beim Spielen ruppig und kneift Sie, brechen Sie mit einem Aufschrei das Spiel ab. Erst nach einer kurzen Pause wird weitergespielt. Dabei sollte die Aufforderung dazu unbedingt von Ihnen ausgehen. Wenn Sie und alle anderen Familienmitglieder so vorgehen, wird der Welpe seine Zähne mit der Zeit immer vorsichtiger einsetzen. Es ist beeindruckend, wie schnell die meisten Hunde lernen können, ihr Gebiss ganz sanft einzusetzen. Aber auch, wenn Ihr Hund etwas länger dazu braucht: Bitte verlieren Sie nicht die Geduld, sondern üben Sie fleißig weiter.

Verschiedene Dinge müssen immer wieder geübt werden, damit ein Welpe sie auch als erwachsener Hund gut beherrscht: Die Beute gern hergeben, vorsichtig mit den Zähnen sein und Frauchen nicht grob anrempeln.

Traum oder Alptraum

Der erste Tierarztbesuch

Der Verlauf des ersten Tierarztbesuches kann die nachfolgenden zu einem Vergnügen für Ihren Hund machen – oder zu einem Alptraum für alle Beteiligten, der mit jedem weiteren Besuch schlimmer wird. Sie selbst haben darauf großen Einfluss.

Der erste Eindruck

Warten Sie bitte nicht erst, bis mit Ihrem Hund etwas nicht stimmt. Machen Sie Ihren ersten Tierarztbesuch so früh wie möglich nach dem Kauf Ihres kleinen Hundes. Die erste Untersuchung sollte möglichst keine schmerzhafte Angelegenheit werden. Also lassen Sie die unumgängliche Impfung daher am besten erst beim zweiten Besuch machen.

Gute Erfahrungen führen zum Erfolg

Lassen Sie Ihren Welpen gerade beim ersten Mal die Erfahrung machen: Auf dem Tisch ist es schön! Das geht ganz leicht: Nehmen Sie ganz besonders gute Leckerchen mit, heben Sie Ihren Welpen auf den Untersuchungstisch und lassen Sie ihn davon fressen. Ohne dass etwas Weiteres passiert, darf er

➡ *Fragen Sie Ihren Tierarzt nach den günstigsten Impfterminen und den richtigen Impfstoffen. Er ist immer auf dem neuesten Stand der Wissenschaft.*

Ein Welpe versteht am besten was wir möchten, wenn er bei ruhigem und angemessenem Verhalten auf dem Behandlungstisch gelobt und auch belohnt wird. Eine Belohnung hinterher auf dem Boden hätte einen anderen Lernerfolg: „Erst auf dem Boden geht es mir wieder gut, also möglichst schnell wieder runter!"

wieder runter. Dann noch mal hinauf und Leckerchen fressen, während der Tierarzt ihn durchcheckt. Das fördert eine vergnügte und entspannte Beziehung zwischen Hund und Tierarzt. Reagieren Sie auf ängstliches und aufgeregtes Verhalten nicht mit Beruhigungsversuchen: Das kann wie eine Belohnung wirken und ängstliches und aufgeregtes Verhalten verstärken. Lassen Sie Ihren Kleinen jetzt noch keinen Kontakt mit anderen Hunden im Wartezimmer aufnehmen. Manche sind da, weil sie krank sind. Es könnte Ansteckungsgefahr bestehen!

Impfschutz

Für einen frühzeitigen Tierarztbesuch gibt es gute Gründe. Wenn eine Hündin geimpft ist, gibt sie nach der Geburt über die Muttermilch Schutzstoffe an die Welpen weiter. Diese sogenannten Antikörper werden im Lauf der ersten Lebenswochen abgebaut. Die Geschwindigkeit, mit der das passiert, ist von verschiedenen Faktoren abhängig und von Welpe zu Welpe individuell verschieden. Das Abklingen des Immunschutzes ist leider nicht sichtbar, und so fällt es schwer, den am besten geeigneten Zeitpunkt für die Impfung zu bestimmen. Macht man die Impfung zu früh, so wird sie teilweise neutralisiert und schützt nicht richtig, weil

kein oder nur ein ungenügender Impfschutz gebildet wird; macht man sie zu spät, läuft der betreffende Hund in der Zwischenzeit ohne Schutz herum und ist gefährdet. Aus diesen Gründen ist manchmal eine Impfung mehr empfehlenswert.

Kontakt mit anderen Welpen

Ähnlich wie im Kindergarten besteht natürlich in einer Welpengruppe eine erhöhte Ansteckungsgefahr für Krankheiten. Andererseits wissen wir mit Sicherheit: Zu wenig geeigneter Kontakt mit anderen Hunden während der Sozialisationsphase garantiert Verhaltensprobleme, weil die zur angemessenen Entwicklung des Gehirns erforderlichen Erfahrungen fehlen. Was wiegt also schwerer – die Möglichkeit einer Ansteckung oder die Gewissheit einer unzureichenden Sozialisierung? Ich selbst würde mich für die Sozialisierung entscheiden.

Dieser Welpe macht immer wieder die Erfahrung: „Öffne ich mein Maul, dann lohnt sich das. Es landet nämlich eine Belohnung auf der Zunge, in diesem Fall ein Stück Leberwurst." Mit dieser Übung ist es später leichter, seine Zähne zu kontrollieren, einen Fremdkörper aus dem Maul zu entfernen oder eine Tablette einzugeben.

Impftermine

Tipp

Ein Welpe sollte zur Grundimmunisierung mindestens zwei Mal im Abstand von mindestens vier Wochen geimpft werden. Nach neuesten Erkenntnissen wird sogar eine dritte Impfung empfohlen. Impfungen vor der 12. Lebenswoche bieten grundsätzlich nicht genügend Schutz.

Tagesablauf eines Welpen

Das große Fressen

Sie holen sich ein kleines Fellknäuel ins Haus, das sich erst einmal eingewöhnen muss. Die Umstellung fällt leichter, wenn am Anfang wie beim Züchter gefüttert wird. Aber stellen Sie ihm schon bald sein Futter nicht nur so hin, sondern lassen Sie ihn erst etwas dafür tun, z. B. kurzes Hinsetzen vor der Schüssel.

Bin ich müde

Welpen sind wie Kinder: Sie brauchen ihre geregelten Ruhepausen und ihren Schlaf. Liegt Ihr Welpe in seinem Korb oder auf seiner Decke, sollte er nicht mehr gestört werden, auch nicht von den Kindern. Sein Schlafplatz ist sein ganz eigener Ruhe- und Rückzugsort.

Trubel vermeiden

Vermeiden Sie, vor allem in den ersten Tagen, übermäßigen Trubel. Dann kann sich Ihr Welpe in Ruhe an Sie, Ihre Familie und seine neue Umgebung gewöhnen. Lernen geht, wie bei uns, am besten in Ruhe und ohne Ablenkung. Die Erfahrungen, die er jetzt macht, sollten positiv sein.

Fein gemacht

Nach dem Fressen sowie nach dem Schlafen muss sich ein Welpe fast immer lösen. Bringen Sie Ihn an die Stelle, an der er sich lösen darf. Wenn Sie schon jetzt, immer während er sich löst, ein ganz bestimmtes Wort, z. B. „Mach schnell" oder Ähnliches sagen, lernt er im Laufe der Zeit, sich bei diesem Wort zu lösen.

Hallo, da bin ich

Welpen haben Spaß am Lernen und begreifen unglaublich schnell. Warten Sie also nicht, bis Ihr kleiner Kerl groß und wild geworden ist, bevor Sie mit der Erziehung beginnen. Je spielerischer Sie die Übungen gestalten, desto mehr Freude werden Sie und Ihr Welpe daran haben, gemeinsam etwas zu tun.

Immer in Aktion

Spiel ist das Schönste auf der Welt und neben Fressen und Schlafen das Wichtigste für einen Welpen. Achten Sie darauf, dass er nicht nur mit anderen Welpen spielt, sondern vor allem auch mit Ihnen. Die Spielregeln bestimmen Sie (siehe auch Beißhemmung, S. 98).

5

Erziehen und beschäftigen

Aufbau einer vertrauensvollen Bindung

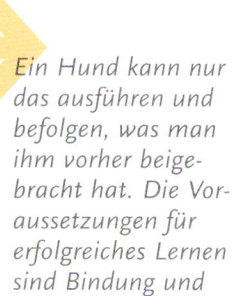

Ein Hund kann nur das ausführen und befolgen, was man ihm vorher beigebracht hat. Die Voraussetzungen für erfolgreiches Lernen sind Bindung und Aufmerksamkeit.

Zu Beginn haben Welpen eine sehr enge Bindung an die Mutter. Als Schutz, Wärme- und Nahrungsquelle ist sie äußerst wichtig. Diese enge Bindung überträgt ein Welpe zunächst auf den oder die Menschen, zu denen er kommt. Solange Ihr Hund noch sehr jung ist, klebt er daher wahrscheinlich an Ihnen wie eine Klette.

Pubertät

Je älter ein Welpe wird, desto lockerer wird die Bindung. Spätestens in der Pubertät kommt dann der Tag, an dem Ihr Hund Sie draußen ignoriert, weil es für ihn Wichtigeres gibt. Wenn Sie ihn jedoch erfolgreich etwas lehren wollen, ist es unerlässlich, dass er auf Sie hört. Deshalb sollten Sie der Loslösung des Hundes, die mit dem Erwachsenwerden verbunden ist, entgegenwirken.

Füttern aus der Hand

Fördern Sie die Bindung, indem Sie Ihren Hund aus der Hand füttern. Nicht einfach den Napf hinstellen, füttern Sie ihn Bissen für Bissen aus der Hand. Dabei bekommt er sein Häppchen aber nicht umsonst, sondern für eine kleine Gegenleistung. Damit bewirken Sie folgende Dinge:

→ Die Bindung an Sie wird verstärkt.
→ Ihre Hand wird positiv registriert.
→ Ihr Hund vertraut Ihren Handbewegungen und liebt es, wenn Ihre Hand auf seinen Kopf zukommt, selbst wenn es einmal hastig sein sollte.
→ Er lernt auf Ihre Handbewegungen zu achten.
→ Es wird ihm deutlich gemacht, dass Sie über das Futter verfügen, also ranghöher sind als er.

Bindung verstärken

Eine enge Bindung wird natürlich am besten im Welpenalter geformt. Ihr Welpe sollte also möglichst früh lernen, dass alles in seinem Leben von Ihnen abhängig ist und nichts ohne Ihre Zustimmung passiert.

Aufmerksamkeit

Machen Sie für Ihren Hund von Anfang an den Unterschied zwischen seinem Namen und der Aufforderung „Komm" deutlich. „Komm" ist eine klare Forderung: „Wo immer du bist, komm jetzt sofort zu mir her".

Überlassen Sie Ihren Hund also beim Spazierengehen nie zu lange sich selbst (siehe S. 108). Sonst saugt er alle Düfte der Welt ein, hat alleine seinen Spaß und sucht sich draußen sein Vergnügen immer öfter ohne Sie.

Die Superbelohnung

Spielen Sie auf Spaziergängen häufig mit Ihrem Welpen. Machen Sie kleine Übungen, bei denen er merkt, dass alles, was er mit Ihnen und auf Ihre Aufforderung hin tut, für ihn selbst Vorteile hat und viel Spaß macht. Die wirksamste und damit beste Belohnung ist, wenn er das tun oder haben darf, was er gerade am liebsten tun oder haben möchte, nachdem er etwas für Sie getan hat. Oder Sie benutzen Belohnungen wie ein geliebtes Spielzeug oder Futter.

Mein Name ist „Anton"

Sein Name bedeutet: „Du bist gemeint. Achte auf mich und pass auf". Üben Sie zu Beginn nur, dass er auf seinen Namen freudig und zuverlässig reagiert. Sprechen Sie den Namen einmal deutlich aus und geben ihm sofort einen kleinen Leckerbissen. So begreift er schnell, was dieses Wort bedeutet: Reagieren lohnt sich.

Sie können, wenn er in Ihrer Nähe ist, auch seinen Namen deutlich aussprechen. Reagiert er, streicheln Sie ihn kurz. Aber bitte nicht andauernd streicheln, sondern nur kurz im Zusammenhang mit der erfolgten Reaktion. Sie können auch ein Leckerli geben.

Aufdringlichkeit lohnt sich nicht – der Welpe merkt es sofort und zieht sich zurück. Das angehobene Vorderpfötchen ist so gut wie eine Entschuldigung. Dafür gibt es Zuwendung und eine Belohnung.

EXTRA
Spaziergänge
interessant gestalten

Auf den täglichen Spaziergängen lernt der Welpe den Umgang mit der Umwelt. Er lernt zudem, ob es sich lohnt, auf seinen Menschen zu achten, oder ob er selbst für seine eigene Unterhaltung zuständig ist.

Wo bist du?

Welpen haben eine natürliche Folgebereitschaft. Nutzen und fördern Sie diese. Verstecken Sie sich ab und zu hinter einem Baum oder einem Busch und lassen Sie Ihren Kleinen suchen. Findet er Sie nicht sofort, dürfen Sie ihm helfen, indem Sie ihn leise rufen oder aus Ihrem Versteck hervortreten.

Auf der richtigen Spur

Die Welt der Gerüche ist für kleine Spürnasen umwerfend. Damit sich die kleine Nase nicht selbstständig macht und eine Kaninchenfährte aufspürt, können Sie Schnüffelspiele in Ihren täglichen Spaziergang einbauen. Legen Sie Leckerchenfährten, verstecken Sie einen Gegenstand oder vergraben Sie etwas, das Ihr Welpe ausgraben darf.

Schau mir in die Augen

Länger Blickkontakt zu halten ist für Hunde nicht einfach. Übrigens empfinden wir Menschen es ebenfalls als bedrohlich, wenn wir längere Zeit angestarrt werden. Ein Hund muss also erst einmal lernen, Blickkontakt aufzunehmen und zu halten. Am besten üben Sie das bereits mit Ihrem Welpen: Loben und belohnen Sie ihn, wenn er von sich aus Blickkontakt mit Ihnen aufnimmt. Augenkontakt sollte immer positiv sein.

Die tollsten Spiele ...

... sind die mit meinem Menschen. Sie sollten der Mittelpunkt im Leben Ihres Welpen sein. Machen Sie sich interessant, spielen Sie mit ihm und zeigen Sie ihm, dass es nichts Schöneres gibt, als in Ihrer Nähe zu sein.

Hallo Kumpel

Der Kontakt mit anderen Hunden und das gemeinsame Spiel fördern die Geschicklichkeit und sind wichtig, um die Hundesprache zu erlernen. Lassen Sie Ihren Welpen viel mit gleichaltrigen und auch älteren sehr „netten" Hunden spielen. Wichtig dabei ist: Die Erfahrungen mit anderen Hunden sollen angenehm und gut sein!

So macht Lernen Spaß
Lernen durch positive Verstärkung

Um die einzelnen Signale schon ab einem Alter von acht Wochen zu vermitteln, wenden wir die sogenannte positive Verstärkung an.

Nach den neuesten Erkenntnissen über Lernverhalten ist die positive Verstärkung ein Grundprinzip des Lernens. Verhalten tritt öfter auf, wenn es belohnt wird. Man kann daher auch zufällig auftretendes erwünschtes Verhalten belohnen und so verstärken.

Belohnt man z. B. einen Hund, der einen zufällig anschaut, sofort und sagt gleichzeitig seinen Namen, lernt er auf seinen Namen zu hören. Kommt er zufällig angelaufen, sagt man das Signalwort „Komm". Beim Ankommen wird er sofort belohnt und verbindet so das Wort mit dem Herkommen.

Lernen mittels einer positiven Verstärkung macht allen Spaß. Geeignete Belohnungen wecken das Interesse des Welpen und motivieren ihn.

Lockmittel

Wir verwenden zunächst Lockmittel, um den Welpen in die gewünschte Position zu locken bzw. zu führen. Lockmittel sind Gegenstände, an denen Ihr Hund Interesse hat und die leicht zu handhaben sind, z. B. ein interessantes Spielzeug oder ein Lieblingshundeleckerli. Ich setze Futter gern ein, weil es gefressen wird und dann weg ist: Der Hund ist also bereit für den nächsten Bissen. Ein Spielzeug muss ich erst wieder zurückbekommen.

Zu Beginn des Trainings dient das Lockmittel dazu, dem Hund verständlich zu machen, was wir von ihm wollen. Wir ermutigen ihn damit zu dem erwünschten Verhalten. Zwang wird dadurch überflüssig. Das wiederum vermeidet das Entstehen von Unsicherheit, Angst und Stress oder gar Aggressionen. So kann, im Gegensatz zu vielen herkömmlichen Hundeerziehungsmethoden, auch kein Schaden angerichtet werden. Sobald der Welpe die Übung gemacht hat, bekommt er das Lockmittel als Belohnung. Erst beim Abschluss einer Übung wird er als Teil der Belohnung gestreichelt. Der Grund: Berührungen und Streicheln während der Übungen wirken ablenkend und stören die Konzentration.

→ *Der Schlüssel zum Erfolg*

Versuchen Sie bei Übungen dann aufzuhören, wenn es gerade gut läuft. Machen Sie vor Ehrgeiz ein bisschen zu viel, klappt am Ende gar nichts mehr und beide – Sie und Ihr Hund – werden bloß frustriert. Kurze Übungsfolgen mehrmals am Tag sind der Schlüssel zum Erfolg. Sorgen Sie dafür, dass eine Sequenz mit Erfolg beendet wird – provozieren Sie Erfolge! Überfordern Sie Ihren jungen Hund nicht. Anzeichen für Überforderung und Stress sind Gähnen und Kratzen.

Die richtige Belohnung

Im Unterschied zu einem Lockmittel kann die Belohnung ein Gegenstand oder eine Aktivität sein, z. B. ein Hundeleckerli, Streicheln, Loben, ein Spiel, ein Spaziergang. Die beste, das heißt die wirksamste Belohnung ist, was der

Hund in genau diesem Augenblick am liebsten machen oder haben möchte. Belohnen Sie eine Übung nicht erst zum Schluss, sondern während Sie daran arbeiten. Das steigert den Spaß und motiviert weiterzumachen. Seien Sie nicht zu versessen auf Perfektion, es soll vor allem Freude machen. Vergessen Sie nicht: Sie haben es mit einem Hundekind zu tun. Üben Sie also nie zu lange, denn ein Welpe kann sich noch nicht lange konzentrieren und ist schnell überfordert.
Wichtig: die Belohnung muss sofort auf das erwünschte Verhalten erfolgen.

Die Nase folgt dem Leckerli, der Kopf geht hoch und der Po runter. Sobald er den Boden berührt, landet die Belohnung sofort im Maul. Wenn man einen Hund erfolgreich an der Nase herumführen kann, wird Schieben, Drücken und Ziehen überflüssig.

Immer für Überraschungen gut
Abwechslung im Training

Abwechslungsreich belohnen

Bei den hier beschriebenen Übungen wird zu Beginn immer das Leckerchen in der Hand gehalten und der Welpe damit in die entsprechende Position geführt. Sobald er die Übung zuverlässig ausführt, ist es Zeit, das Belohnungsschema zu ändern. Sonst laufen Sie Gefahr, dass Sie Ihren Hund bestechen müssen, damit er Ihre Aufforderungen befolgt. Bei einer Bestechung tut der Betreffende nur dann etwas, wenn er vorher weiß, dass er eine Belohnung erhält. Ihr Hund würde nur gehorchen, wenn er wüsste, Sie haben eine Belohnung in der Hand.

Halten Sie die Belohnungen immer bereit. Dann können Sie schnell reagieren und bei Bedarf etwas Erwünschtes sofort verstärken.

Lockmittel abbauen

Um das Lockmittel abzubauen, halten Sie die Belohnung in der anderen Hand bereit. Sie machen die gewohnte Handbewegung mit der leeren Hand, der Hund folgt der Hand in die gewünschte Position und erhält sofort aus der anderen Hand, genau so schnell, die Belohnung.

Variabel belohnen

Sobald das klappt, gibt es auch nicht mehr jedes Mal etwas, sondern zufällig oder für eine bessere oder schnellere Ausführung einer Übung. Verlangen Sie dann auch mehr Leistung für eine Belohnung, z. B. zwei- oder dreimal hinsetzen. Durch die Zufälligkeit der Belohnung wird die Leistung verbessert. Es wirkt wie Lotto: Mal gewinnt man, mal nicht! Das motiviert und spornt auch einen Hund an.

Anforderungen langsam steigern

Der Lernprozess wird erleichtert, wenn am Anfang immer an einem bestimmten Platz geübt wird, z. B. zu Hause oder im Garten, und am besten in Ruhe, ohne Störung oder Ablenkung. Aber ein Hund, der alles perfekt in

Ihrem Garten macht, tut das in Nachbars Garten noch lange nicht, und noch weniger im Park. Sobald Ihr Hund also das gewünschte Verhalten zufriedenstellend beherrscht, muss auch an anderen Orten und unter anderen Umständen geübt werden. Sonst könnten Sie plötzlich Dr. Jekyll und Mr. Hyde in Hundegestalt gegenüberstehen: zu Hause und ohne Ablenkung der Musterknabe in Person und auf der Straße unkontrollierbar.

Handsignale

Hunde beachten unsere Körpersprache mehr als das, was wir sagen. Wir selbst legen bei der Ausbildung zu viel Wert auf Worte. Hunde lernen schneller, wenn man ihnen zeigt, was man will. Also konzentrieren wir uns am Anfang auf das Zeigen. Handzeichen machen das Ganze für den Hund leichter verständlich. Sie werden sehen, das Training wird einfacher und erfolgreicher. Macht man am Anfang der Übungen deutliche Handbewegungen, werden diese schließlich automatisch zu Handzeichen, weil der Hund die Bewegung der Hand mit seiner eigenen Körperbewegung und der Belohnung verbindet.

Übungen gehen auch im Duett. Aber erst beim Üben wird deutlich, wie sehr man sich konzentrieren muss. Nur wenn man es selbst richtig macht, können auch die Hunde das Richtige tun.

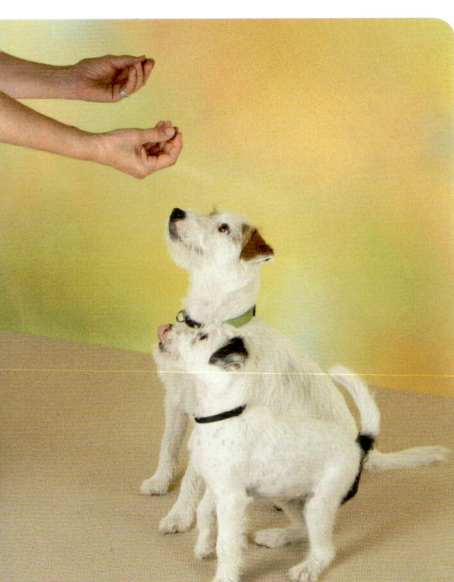

Wie Hunde Signale lernen

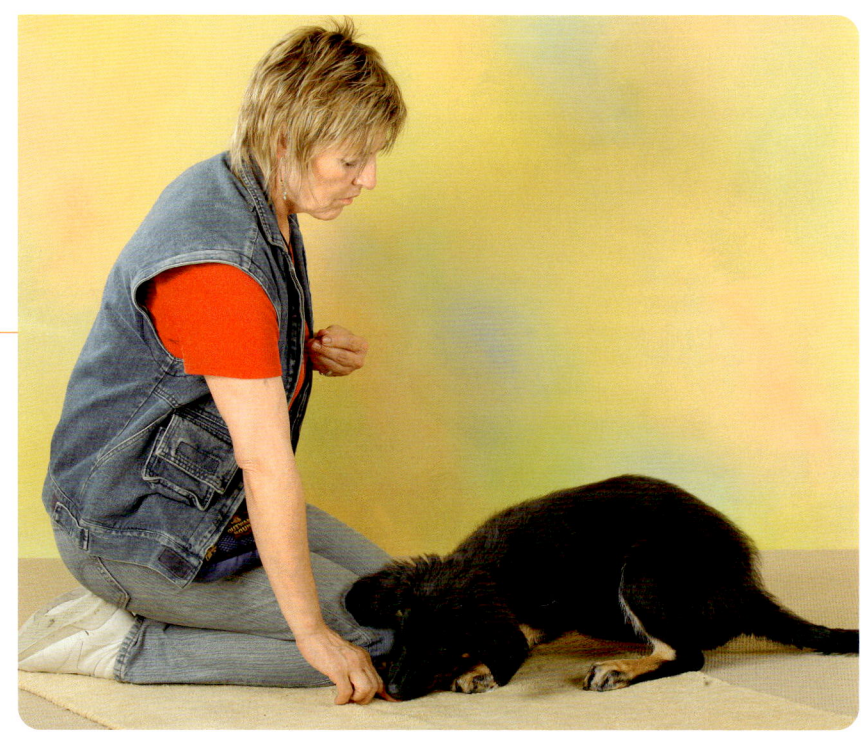

Interessiert ist der Welpe der Hand in die „Platz"- Position gefolgt. Er erhält die Belohnung erst, wenn Bauch und Brustunterseite den Boden berühren.

Erlernen von Signalen

Die Signale setzen sich aus einzelnen Lernschritten zusammen, die ein Welpe erst einmal verstehen muss. Beim Erlernen eines Signals lernt Ihr Hund:

→ zu verstehen, was Sie meinen,
→ auszuführen, was Sie möchten,
→ das Handzeichen dafür,
→ dass Sie möchten, dass er es jetzt ausführt,
→ das Wort dafür.

Es erleichtert das Ganze, wenn zuerst nur die ersten vier Punkte gelernt werden. Durch das Lockmittel macht der Hund gern mit. Erst wenn er die Körperbewegung zu der entsprechenden Handbewegung beherrscht, wird das Wort hinzugefügt. Auf diese Weise wird das Wort schneller gelernt, als wenn es dauernd während des Übens gesagt wird. Und es wird mit dem fertigen Verhalten verknüpft und nicht mit den unperfekten Vorstufen.

Wiederholungen

Damit die Verknüpfung schnell erfolgreich ist, lassen Sie ihn die Übung einige Male hintereinander machen, sodass er sie schon erwartet. Dann erst sprechen Sie das Wort deutlich aus und machen unmittelbar danach, fast gleichzeitig, das passende Handsignal. Bitte üben Sie, wenn es geklappt hat, alles ausreichend oft. Natürlich immer nur wenige Minuten, aber mehrmals am Tag. Denn die Konzentrationsfähigkeit ist noch gering. Ihr Hund sollte vergnügt, munter und hungrig sein. Er ist dann leichter zu motivieren. Machen Sie sich auch Gedanken über die Worte, die Sie für bestimmte Aufforderungen verwenden möchten. Es ist nur fair, dass es für ein Signal nur ein bestimmtes Wort gibt. Ihr Hund lernt immerhin, eine Fremdsprache zu verstehen.

Wichtige Signale

Die Signale, die ein Hund können und gern und unverzüglich befolgen sollte, sind – außer „Komm" – „Sitz", „Platz", „Leg dich" und „Steh".
Lehren Sie ihn immer erst ein Signal richtig, bevor Sie mit dem nächsten weitermachen.

Übungen gestalten

Die Übungen sollten immer in entspannter Atmosphäre stattfinden, ohne Hektik und Zeitdruck. Wählen Sie
→ einen Augenblick, in dem Sie sich wohlfühlen,
→ einen Augenblick, in dem Sie Ruhe und Geduld haben,
→ einen Augenblick, in dem Sie Ihren Hund etwas lehren wollen,
→ ein Lockmittel, das für Ihren Hund in diesem Augenblick die Welt bedeutet.

So klappt die Verständigung

→ Belohnen Sie erwünschtes Verhalten, ignorieren Sie unerwünschtes Verhalten.

→ Sie können von Ihrem Hund nur Übungen verlangen, die Sie mit ihm vorher ausreichend oft unter den verschiedensten Bedingungen geübt haben.

→ Betrachten Sie gutes Benehmen nie als selbstverständlich, sondern pflegen und belohnen Sie es. Das motiviert den Hund, sich weiterhin gut zu benehmen.

→ Sorgen Sie für einen fairen Austausch zwischen Mensch und Hund: Ihr Hund macht, was Sie wollen – dafür darf er zur Belohnung etwas haben oder tun, was er will.

→ Geben Sie ein Signal nur, wenn Ihr Hund aufmerksam ist.

→ Wiederholen Sie Aufforderungen und Signale nicht mehrmals hintereinander (also nicht „Sitz", „Sitz").

→ Geben Sie ein Signal nur, wenn Ihr Hund die gewünschte Handlung voraussichtlich auch ausführen wird. Ist die Wahrscheinlichkeit, dass er das tut, gering, wäre es sinnvoller, das Signal von vornherein ganz zu unterlassen.

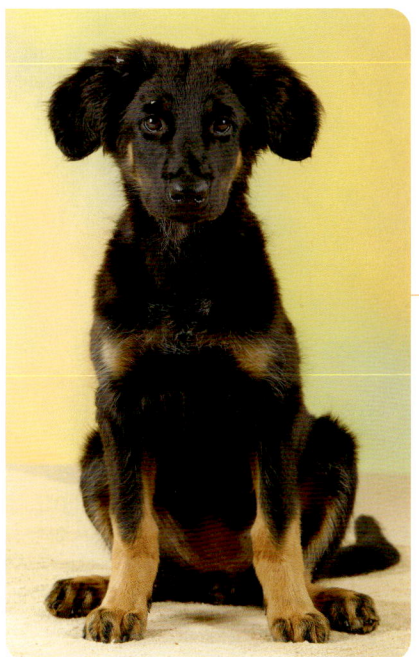

Gelingt es, die ganze Aufmerksamkeit des Welpen zu gewinnen, dann wird aus dem Üben ein Hobby, Spaß und Vergnügen für Hund und Mensch.

Kontaktaufnahme und schnelles Herankommen

Anschauen

Gegenseitige Kontaktaufnahme ist für die Verständigung zwischen Mensch und Hund unerlässlich. Nur wenn Ihr Hund Ihnen immer wieder Aufmerksamkeit schenkt, können Sie ihm zeigen, was Sie von ihm möchten. Doch Anstarren ist bei Hunden eine Drohgeste und wird als ein Zeichen von Aggression gewertet. Deshalb muss es geübt und positiv verknüpft werden.

Benutzen Sie für Ihre Aufforderung immer denselben Begriff.
Die Belohnung muss am Anfang sofort erfolgen, also innerhalb von zwei Sekunden! Dadurch entsteht eine Verbindung zwischen Wort und Handlung. Er lernt, dass es sich lohnt, Sie anzusehen. Sie wiederum wissen, dass er aufmerksam ist und können ihm später Sichtzeichen geben. Dehnen Sie den Zeitraum des Anschauens langsam aus.

Der Blickkontakt soll immer positiv für Ihren Hund sein. Benutzen Sie das Anschauen nie als Strafhandlung.

Nachfolgen wird besonders attraktiv, weil der Welpe festgehalten wird und seinem Frauchen nicht sofort hinterherrennen kann.

Trainingsschritte

Nehmen Sie ein Futterstück und halten es sich selbst direkt vor die Stirn. Wenn er hungrig ist, wird er Ihrer Handbewegung mit den Augen folgen. Sobald er Sie direkt ansieht, sagen Sie „Sieh her".

Herankommen

Sobald Ihr Welpe auf seinen Namen reagiert und Sie anschaut (siehe S. 107), können Sie einen Schritt weiter gehen und die Aufforderung „Komm" anschließen. Das alles hört sich sehr

Sobald er losgelassen wird, saust er los, um Frauchen wieder einzuholen und bekommt zum Lob noch eine Belohnung.

leicht an, aber „Komm" ist wahrscheinlich das am seltesten befolgte Wort in einem Hundeleben.

Trainingsschritte

Trainieren Sie „Komm", indem Sie erst den Namen Ihres Hundes aussprechen, und zwar nur einmal. Ist er nicht aufmerksam, müssen Sie dieses weiter üben. Es hat keinen Sinn und eher negative Folgen für das weitere Training, wenn Sie trotzdem weitermachen. Ist er jedoch aufmerksam und achtet auf Sie, sprechen Sie das Signal „Komm"

deutlich aus und bewegen sich gleichzeitig weg von Ihrem Hund. Es macht die Sache leichter, wenn Ihr Welpe hungrig ist. Gehen Sie jetzt mit dem Futterschälchen weg, haben Sie den Erfolg vorprogrammiert. Sobald er Sie erreicht hat, bekommt er natürlich etwas zu fressen. Üben Sie „Komm" von den verschiedensten Stellen in Ihrer Wohnung aus.

Positive Verknüpfung

Benutzen Sie den Namen Ihres Hundes und die Aufforderung zum Kommen nur in einem angenehmen Zusammenhang. Augenkontakt mit Ihnen, sein Name oder Herkommen darf niemals negative Folgen haben, auch wenn Sie eine halbe Stunde auf ihn warten müssen. Die Folge von unangenehmen Erlebnissen im Zusammenhang mit Namen oder Herankommen ist eine Verschlechterung der Reaktion Ihres Hundes. Er wird seinen Namen weniger beachten, und er wird weniger gern und daher langsamer oder gar nicht in Reichweite Ihrer Hand kommen, wenn Sie ihn heranrufen.

„Sitz"

Benutzen Sie bei den Übungen die Hand, mit der Sie am liebsten arbeiten. Nehmen Sie das Lockmittel in diese Hand und sagen Sie den Namen Ihres Hundes nur ein Mal. Schaut er Sie aufmerksam an, geht es weiter. Kümmert er sich nicht weiter um Sie, ist dies nicht der richtige Moment, etwas Neues zu beginnen. Üben Sie erst einmal weiterhin eine gute Namensreaktion. Schaut Ihr Hund Sie jedoch aufmerksam an, halten Sie ihm jetzt das Lockmittel vor die Nase. Bitte sagen Sie in diesem Augenblick gar nichts. Heben Sie Ihre Hand langsam an, so dass er ihr mit seiner Nasenspitze folgt. Bewegen Sie Ihre Hand langsam und gleichmäßig nach oben und hinten in Richtung der Stirn des Hundes. Er wird Ihrer Bewegung folgen, den Kopf in den Nacken legen und den Po Richtung Fußboden senken. Der landet schließlich auf dem Boden: Er sitzt.

Richtig belohnen

In dem Augenblick, in dem der Po den Boden berührt, sagen Sie vegnügt ein Lobwort und geben ihm sofort als Belohnung das Futterstückchen, das Sie zum Locken benutzt haben. Damit diese Belohnung richtig wirkt, muss sie wirklich sofort, innerhalb einer Sekunde, gegeben werden.
Machen Sie diese Übung ein paar Mal hintereinander und am besten jeden Tag mehrmals, bis sie gut klappt.

Fügen Sie das Wort erst hinzu, wenn Bewegung und Handzeichen klappen.

Handzeichen für „Sitz"

Das Handzeichen entwickelt sich aus der Handbewegung, die Sie während der Übung ausführen, um Ihren Welpen in die gewünschte Position zu führen. Daher ist es sinnvoll, wenn Sie selbst darauf achten, immer dieselbe Handbewegung zu benutzen. Bei „Sitz" hebt man die Hand an, und zwar mit der Handfläche nach oben, weil so das Futter gut in der Hand liegt. Erfolgt diese Bewegung später aus dem Ellenbogen, ist sie auch aus einiger Entfernung für den Hund gut sichtbar.

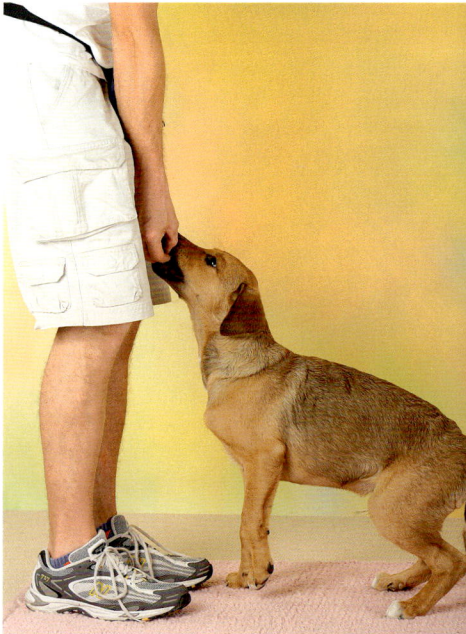

Signalwort für „Sitz"

Das Wort „Sitz" wird schnell gelernt, wenn Sie es erst einführen, sobald Ihr Welpe der Handbewegung zuverlässig in die richtige Position folgt. Ab jetzt kündigen Sie die Handbewegung an. Sie sagen deutlich „Sitz", sofort danach kommt die Handbewegung. Ihr Hund folgt dieser in die Sitzposition und erhält sofort die Belohnung. Sie werden sehen: Schon bald sitzt er, bevor Sie Ihre Hand heben. Sie machen es für Ihren Hund viel leichter, wenn Sie immer dasselbe Wort benutzen und nicht einmal „Sitz", „Hinsetzen" oder sogar „Mach mal Sitz" sagen.

„Steh"

„Steh" kann man in vielen Alltagssituationen sinnvoll einsetzen, z. B. beim Tierarzt. Für diese Übung sollte Ihr Hund sich auf Signal vor Sie setzen.

Sie halten das Lockmittel in der Hand und bewegen dieses langsam waagrecht von der Nase des sitzenden Hundes weg zur Außenseite eines Beines. Ihr Hund muss dabei nach vorn ausreichend Platz haben, um sich hinstellen zu können. Bewegen Sie Ihre Hand so langsam, dass er, um ihr zu folgen, nur aufstehen, aber keinen Schritt nach vorn gehen muss. Sobald er steht, sagen Sie ruhig Ihr Lobwort und belohnen ihn zügig wie bei der Sitzübung.

Handzeichen für „Steh"

Aus der Handbewegung ins „Steh" entwickelt sich das Handzeichen. Da man das Futter so in der Handfläche hält, dass der Hund Kontakt dazu hat, zeigen Fingerspitzen und Handfläche zur Nasenspitze des Hundes. Die Bewegung von Hand und Unterarm erfolgt aus dem Ellenbogen.

Man sieht gut, wie der Welpe der Hand in die gewünschte Position folgt. In diesem Fall darf er sogar gleich ein bisschen an der Belohnung lecken. Nach einigem Üben kommt die Belohnung erst zum Schluss.

Hinlegen, Leg dich und Bleiben

„Platz"

Beginnen Sie wieder mit der „Sitz"-Position. Sobald Ihr Hund vor Ihnen sitzt, halten Sie ihm das Lockmittel mit Ihrer rechten Hand vor die Nase. Nehmen Sie es zwischen Daumen und

oder versuchen, das Lockmittel aus der Hand auszugraben. Fassen Sie Ihren Hund erst an, wenn die Übung geklappt hat. Viele Hunde empfinden im Training Streicheln nicht als Belohnung, sondern fühlen sich eher gestört.

Der Welpe hat gelernt, der Hand mit dem Futter zu folgen und macht das auch zuverlässig. Jetzt macht die Hand dieselbe Bewegung – aber ohne Futter. Der Welpe folgt ihr wie immer.

Handfläche, dabei zeigt die Handfläche zum Boden. Führen Sie Ihre Hand langsam von der Nase des Hundes zwischen seinen Vorderbeinen so zum Boden, dass er mit der Nase folgen kann, ohne aufzustehen. Irgendwann wird es für ihn einfach bequemer, wenn er sich hinlegt, damit er besser an Ihre Hand kommt.

Mit Geduld ans Ziel

Bei dieser Übung braucht man manchmal etwas mehr Geduld, weil ungeduldige Hunde gern wieder aufstehen

Handzeichen

Beim Handzeichen „Platz" zeigt die Handfläche nach unten. Die Bewegung nach unten erfolgt wieder aus dem Ellenbogen. Geben Sie später auf weite Entfernungen das Handzeichen, können Sie aus dem Schultergelenk heraus deutlichere Bewegungen machen als aus dem Ellenbogen. Ihr Hund kann so das Signal deutlich erkennen. Das Handzeichen selbst ist die Folge der Handposition beim Training. Grundsätzlich könnte man natürlich jedes beliebige Handzeichen wählen.

Tipp

Signal „Platz" aufheben

Rufen Sie Ihren Hund nie aus der Platzposition zu sich heran, sondern gehen Sie zu ihm hin und lösen Sie das Signal mit „Lauf" auf. Rufen Sie ihn nämlich zu sich und belohnen ihn dann, wird eigentlich das Hinterherkommen belohnt und nicht sein braves Warten.

Handzeichen

Beim Handzeichen „Leg dich" beschreibt Ihre Hand einen Bogen. Zu Beginn zeigt Ihre Handfläche zum Boden, dann drehen Sie den Unterarm im Ellenbogen, sodass die Handfläche nach oben schaut.

„Bleib"

Sie können Ihren Hund auf verschiedene Art trainieren, in einer bestimmten Position zu verharren: Entweder wählen Sie ein eigenes Signal, um ihn aus einer bestimmten Position zu entlas-

„Leg dich"

Um Ihrem Hund beizubringen, sich auf die Seite zu legen, muss er erst einmal ordentlich in der „Platz"-Position liegen. Nehmen Sie dann Ihr Lockmittel und knien Sie sich vor ihn. Führen Sie nun das Lockmittel von seiner Nase aus ganz vorsichtig und langsam seitwärts über die Schulter, die oben liegen soll, in Richtung Rücken. Wenn er mit der Nase Ihrer Hand folgt, muss er den Kopf zur Schulter drehen und sich schließlich, um an Ihre Hand zu gelangen, auf die Seite legen.

sen. In diesem Fall lernt er, Ihre Erlaubnis abzuwarten, bevor er etwas anderes tun darf.
Oder Sie lehren ihn mit „Bleib!" und einer passenden Geste, länger in einer bestimmten Position auszuharren. Dabei vergrößern Sie schrittweise Ihren Abstand vom Hund.

Die Belohnung erhält er ebenso schnell, aber aus der anderen Hand. So lernt er zuverlässig, auch der leeren Hand in die gewünschte Position zu folgen.

Für KIDS

Kleine Übungen für Dich und Deinen Hund

Damit Dein Welpe Dich versteht und auf Dich hört, kannst Du einiges tun.

 ## Mit den Füßen auf dem Boden

Hunde mögen es nicht besonders gern, wenn man sie hochhebt. Es macht ihnen Angst, den Boden unter den Füßen zu verlieren. Daher wehren sie sich oft dagegen und beginnen unvermittelt zu zappeln. Damit Dir Dein kleiner Freund nicht herunterfällt und sich dabei sehr weh tut, solltest Du ihn immer auf dem Boden lassen. Hocke Dich zu ihm hinunter, schmuse mit ihm und streichle ihn vorsichtig. Du wirst schnell merken, wie ihm das gefällt.

 ## „Sitz"

Hunde lernen die Köpersprache schneller als Worte. Nimm Futter in die Hand und führe Deinen Welpen in die gewünschte „Sitz"-Position. Du wirst sehen, welche Freude es ihm macht, mit Dir eine kleine Übung zu machen. Was er nun lernt, wird er auch später, wenn er erwachsen ist, noch gerne machen. Sogar für jemanden, der nicht so stark ist wie er selbst.

„Platz"

Übe am Anfang mit einer erwachsenen Person zusammen, die Dir genau zeigen kann, wie Du Deinen Welpen in die Position „Platz" führst. Nimm ein Leckerchen in die Hand und ziehe es langsam, vor der Nase des Welpen, in Richtung Boden. Du wirst sehen: Dein Welpe wird der Bewegung freiwillig folgen und schon liegt er. Jetzt wird belohnt.

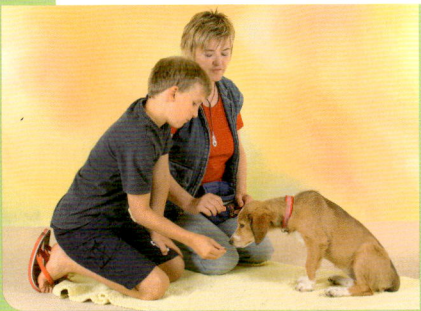

Aufbau von Vertrauen

Ob Dein Welpe vertrauen zu Dir gefasst hat, kannst du daran erkennen, dass er sich entspannt auf die Seite legt und das Streicheln genießt. Vertrauen muss langsam aufgebaut werden, also habe Geduld mit Deinem Hund. Du darfst ihn zu nichts zwingen. Dein Welpe muss erst die Erfahrung machen, dass Deine Hände ihn liebevoll und zärtlich streicheln. Dann gewinnt er auch Freude daran und wird sich gerne anfassen lassen.

Überforderung erkennen

Wir haben zu lange geübt – dem Welpen wird das alles zu viel. Sein Gesichtsausdruck und das Kratzen sind deutliche Zeichen für Stress. Weitere körpersprachliche Signale für Stress sind z.B. sich Schütteln, Gähnen oder auch Niesen. Solche Hinweise solltest Du sofort beachten und lieber mehrmals täglich fünf Minuten üben als eine halbe oder gar eine ganze Stunde am Stück.

Bis hierhin und nicht weiter

Verhalten sinnvoll unterbrechen

Abbruchsignal

Ein Korrektur- oder Abbruchsignal soll eine unerwünschte Handlung abbrechen oder den Hund von vornherein davon abhalten. Es bedeutet: Weitermachen lohnt sich nicht, ein anderes Verhalten aber schon. Das erspart dem Hund Unsicherheit und Stress.

Übung 1 – Basisübung

Bieten Sie Ihrem Hund mehrmals hintereinander ein Leckerchen auf der offenen Handfläche an: Er darf es nehmen. Dann sagen Sie deutlich Ihr Korrekturwort und schließen die Hand so schnell, dass er das Leckerchen nicht nehmen kann. Auch wenn er versucht, an das Leckerchen zu kommen, Ihre Hand bleibt geschlossen. Schließlich weicht er für einen Augenblick zurück. Sofort bekommt er aus der anderen Hand ein Leckerchen.

Wiederholen Sie das Ganze mehrmals. Nach einigen Durchgängen zieht sich Ihr Hund, wenn Sie das Abbruchwort sagen, von Ihrer Hand zurück. Schließlich brauchen Sie nicht einmal mehr die Hand zu schließen.

Ihr Hund lernt drei Dinge:

→ Ich brauche gar nicht weiterzumachen – es lohnt sich nicht.

→ Mein Mensch weiß das von Anfang an – es lohnt sich, auf seine Worte zu achten.

→ Etwas anderes – nämlich sich zurückhalten und Blickkontakt aufnehmen – lohnt sich.

Abwarten wird belohnt! Beim Öffnen der Hand können Sie das Signal „Nimms" einführen und Ihrem Hund die Erlaubnis zum Fressen geben.

Sobald die Übung mit der einen Hand gut funktioniert, muss auch mit der anderen Hand geübt werden. Schließen Sie die Hand jedes Mal nach dem Wort so schnell, dass Ihr Hund auf keinen Fall zwischendurch doch einmal ein Leckerchen erwischen kann. Üben Sie, bis er eindeutig verstanden hat: Nicht die Hand, sondern das Wort ist wichtig. Es bedeutet: Zurückziehen lohnt sich, weitermachen nicht. Damit das Signalwort auch in anderen Situationen wirkt, muss es ausreichend oft auch in anderen Zusammenhängen geübt werden.

Übung 2 – mit Helfer

Ein Helfer bietet Ihrem Hund ein Leckerchen an. Sie sagen das Korrekturwort, der Helfer schließt die Hand. Sobald Ihr Hund sich vom Helfer ab- und Ihnen zuwendet, erhält er von Ihnen sofort eine Belohnung. Hunde, die den Helfer übermäßig bedrängen, leint man am Anfang einfach sicherheitshalber an.

Übung 3 – Fußboden-Tabu

Sie legen ein Leckerchen so auf den Fußboden, dass Sie es schnell mit dem Fuß abdecken können, wenn Ihr Hund es nehmen will. In dem Augenblick, in dem Ihr Hund das Leckerchen nehmen will, sagen Sie ihr Korrekturwort, stellen sofort den Fuß darüber und warten in Ruhe ab, bis Ihr Hund Sie anschaut. Dann wird er sofort belohnt.

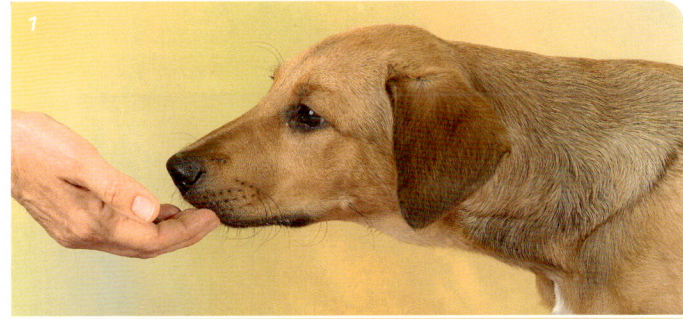

„Lass das" Tipp

„Nein" als Abbruchsignal eignet sich schlecht, da es im Alltag ständig benutzt wird. Ein spezielles Wort wie „Lass das" ist deshalb besser geeignet.

Führen Sie diese Übungen auch mit Spielsachen durch. Man kann z. B. einen Ball wegrollen und den Hund durch das Korrekturwort davon abhalten, ihm zu folgen. Planen Sie Ihre Übungssituationen so, dass Ihr Hund nur das Richtige tun kann. Nehmen Sie daher am Anfang ein Spielzeug, das nicht allzu verführerisch ist, oder leinen Sie Ihren Hund bei Bedarf an.

Mit Geduld zum Ziel

Erwarten Sie niemals, dass Ihr Hund etwas kann, was Sie ihm nicht beigebracht haben. Lernen dauert seine Zeit. Erinnern Sie sich noch an den Führerschein? Denken Sie zurück und haben Sie mit Ihrem Hund ein bisschen Geduld. Üben Sie häufig, aber überlasten und überfordern Sie Ihren Welpen nicht.

1 Zuerst darf er mehrmals hintereinander ein Leckerchen von der offenen Handfläche nehmen.

2 Das Korrekturwort ertönt, die Hand wird geschlossen – verunsichert überprüft er die Hand noch einmal.

3 Zurückweichen und ein hilfesuchender Blick zu Frauchen.

4 Das war eine gute Idee – sofort kommt aus der anderen Hand eine Belohnung.

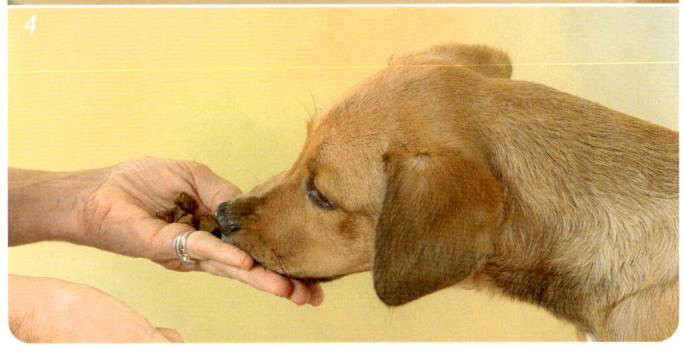

Einmal gelernt
Entspannt an der Leine

Sobald Ihr Welpe zieht, bleiben Sie stehen und warten ab, ohne an der Leine zu rucken oder etwas zu sagen. Dreht er sich von selbst um und nimmt Blickkontakt zu Ihnen auf, wird er sofort gelobt und bekommt eine Belohnung.

Leinenführigkeit

Man unterscheidet zwischen guter Leinenführigkeit und dem Signal „Bei Fuss". „Bei Fuss" bedeutet, dass der Hund eine genau definierte Position einnehmen muss – eine Aufgabe für Fortgeschrittene. Unter guter Leinenführigkeit versteht man, dass der Hund sich gern und ohne Weiteres anleinen lässt, und ohne zu ziehen ordentlich an der Leine mitgeht. Das sollte jeder Hund beherrschen. Je früher man mit dem Üben beginnt, desto besser. Es ist kein Zufall, dass die meisten Hunde, die von ihren Besitzern im Tierheim abgegeben werden, größeren Rassen angehören und oft gerade erst ausgewachsen sind.

Anleinen

Früher oder später lernen die meisten Hunde, Anleinen in der Wohnung bedeutet etwas Gutes: Der Spaziergang geht los. Anleinen draußen dagegen heißt: Der Spaß ist vorbei. Also lassen sie sich nicht mehr so gern anleinen.

Auf dem Arm *Tipp*

Sind Sie mit Ihrem Welpen draußen und haben es eilig, tragen Sie ihn lieber, bevor Sie ihn hinter sich herzerren. Nehmen Sie ihn am Anfang nur an die Leine, wenn Sie auch selbst zum Üben bereit sind.

Deswegen lohnt es sich, das Anleinen von Anfang an angenehm zu gestalten:

→ Machen Sie sich klein. Vermeiden Sie Körperhaltungen, die Hunde als bedrohlich empfinden, z. B. sich von oben herab über sie zu beugen.

→ Geben Sie Ihrem Hund beim Anleinen ein Leckerchen.

→ Leinen Sie ihn auf dem Spaziergang zwischendurch immer mal wieder an, belohnen Sie ihn. Nach ein paar Schritten leinen Sie ihn wieder ab.

→ Benutzen Sie Anleinen nicht als Strafmaßnahme.

→ Achten Sie grundsätzlich auf Stresssignale, z. B. ein angehobenes Vorderpfötchen oder Lecken über die Nase (siehe S. 97).

Druck erzeugt Gegendruck

Einen Welpen kann man natürlich einfach an der Leine festhalten und bei Bedarf zwingen, mitzukommen. Das verschlechtert jedoch die Voraussetzungen für das weitere Training, da ein Reflex den Hund zwingt, sich bei Zug dagegen zu stemmen. Sie können das selbst ausprobieren, indem Sie Ihrem Hund seitlich mit der flachen Hand leicht gegen die Brustwand drücken: Er lehnt sich automatisch dagegen. Ziehen Sie an der Leine, haben Sie denselben Effekt: Er muss sich dagegen stemmen. Nicht weil er nicht mitkommen möchte, sondern weil er nicht anders kann. So gewöhnt er sich von vornherein daran, dass die Leine dauernd straff gespannt ist. Somit entwickelt sich das An-der-Leine-Gehen für beide Teile zu einem eher unangenehmen Erlebnis. Auf Dauer lohnt es sich, ihm gleich von Anfang an zu zeigen, was er tun soll. Es ist viel aufwendiger, schlechte Angewohnheiten wieder zu ändern und dauert auch länger.

Der Welpe lernt, immer länger in der richtigen Position zu gehen. Beginnen Sie mit wenigen Schritten und dehnen Sie die Dauer langsam aus.

Verschiedene Methoden

Hunde lernen durch die Erfahrung, dass es sich lohnt, in einer bestimmten Position zu gehen, schön an der Leine gehen. Dazu gibt es prinzipiell zwei Möglichkeiten:

→ Es passiert etwas Unangenehmes, sobald der Hund nicht das Richtige tut, z. B. ein kräftiger Leinenruck, wenn er zieht. Den Ruck kann er vermeiden, indem er nicht zieht. Diese Vorgehensweise ist für Hunde und viele Menschen unangenehm.

→ Es passiert etwas Gutes, z. B. ein Leckerchen, wenn er an der richtigen Stelle geht. Diese Methode macht Mensch und Hund Spaß.

Lassen Sie Ihren Welpen nie an der Leine spielen. Auch das Halsband sollte beim Spielen immer abgenommen werden, da die Verletzungsgefahr zu groß ist.

Eins, zwei, drei – keine Hexerei

Kleine Schritte zur Leinenführigkeit

Gut geplant

Bereiten Sie eine ausreichende Menge von kleinen Belohnungshäppchen vor, die schnell und ohne viel Kauen geschluckt werden können. Tragen Sie diese in einem Behälter, der nicht knistert und leicht zugänglich ist, bei sich. Geeignete Taschen gibt es im Fachhandel. Außerdem brauchen Sie eine mindestens zwei Meter lange Leine.

Auf der „richtigen" Seite

Die Entscheidung, auf welcher Seite Ihr Hund in Zukunft gehen soll, hängt allein davon ab, was Sie selbst als angenehm empfinden. Im Hundesport allerdings wird der Hund üblicherweise links geführt.

Immer gute Laune

Üben Sie nur, wenn Sie und Ihr Welpe in einer guten Stimmung sind. Kurze aber häufige Übungen sind besser, weil Welpen sich noch nicht lange konzentrieren können. Das ändert sich erst mit steigendem Alter.

Aufbau der Übung

Führen Sie, während Sie gehen, den Welpen mit einem Leckerchen in die gewünschte Position und geben Sie ihm dort die Belohnung. Bleiben Sie in Bewegung und geben Sie alle paar Schritte ein Leckerchen. Die einzelnen Belohnungen sollten so schnell aufeinander folgen, dass Ihr Welpe überhaupt nicht auf die Idee kommt, für etwas anderes Interesse zu zeigen. Gehen Sie am Anfang nur ganz wenige Schritte.

Signal „Lauf"

Ist die Übung beendet, geben Sie Ihrem Welpen ein Signal, das bedeutet, dass er jetzt spielen gehen darf, z. B. „Lauf". Bevor Sie ihn ableinen, sollte er aber erst Blickkontakt mit Ihnen aufnehmen oder sich sogar neben Sie setzen. Lassen Sie ihn nicht einfach losrennen, wenn er zieht!

Langsam voran

Verlängern Sie langsam die Zeiträume zwischen den einzelnen Belohnungen, und steigern Sie nach und nach vorsichtig die Ablenkungen.

Beide bewegen sich schnell und sind dabei voll aufeinander konzentriert. Rechtzeitig, bevor der Welpe auf andere Gedanken kommen kann, sollte immer wieder eine Belohnung gegeben werden – das ist gar nicht so einfach.

Hier wird noch jeder Schritt belohnt. Doch bald kann man eine so gelungene Wendung auch erst am Schluss belohnen.

Kein Ziehen am Halsband

Man kann natürlich nicht die ganze Zeit, die der Hund an der Leine geführt wird, mit ihm üben. Es wird also zwangsläufig immer wieder dazu kommen, dass er an der Leine zieht und sich so unerwünschtes Verhalten angewöhnt. Mit einem Trick kann man dem vorbeugen.

Entscheiden Sie sich jetzt, ob Ihr Hund später mit der Leine am Halsband oder am Geschirr geführt werden soll. Ziehen Sie ihm immer beides gleichzeitig an. Wenn Sie Ihren Hund später am Halsband führen möchten, wird die Leine zum Üben am Halsband befestigt. Sobald Sie mit dem Üben fertig sind, befestigen Sie die Leine am Geschirr. Nun darf er auch etwas nach vorne gehen und muss nicht unmittelbar neben Ihnen laufen. Vorausgesetzt, Sie selbst halten sich zuverlässig an diese Regel, lernt Ihr Hund schnell: Mit Halsband und Leine geht man ordentlich. Hat er erst einmal gelernt, zuverlässig an der Leine zu gehen, brauchen Sie nur noch Leine und Halsband. Das Signal „Ordentlich an der Leine zu gehen", sind die Leine selbst und das Halsband. So lernen z. B. auch Blindenführhunde, dass das Geschirr „Dienst" bedeutet.

Tipp
Verhalten verstärken

Verhalten, das belohnt wird, tritt häufiger auf. Wenn Sie also Ihrem Hund beim Ziehen an der Leine nachgeben, so ist das die direkte Belohnung für das Ziehen. Er darf dorthin gehen, wohin er wollte. Also wird er immer mehr ziehen.

Übungsplan

Wichtige Signale

Signal einführen

Um das Wort einzuüben, geht man folgendermaßen vor:

→ Das Signalwort (immer dasselbe Wort) wird deutlich ausprochen – es kündigt die Handbewegung an.
→ Die Handbewegung folgt sofort.
→ Der Hund folgt der Handbewegung in die gewünschte Position.
→ Die Belohnung folgt sofort.

Bald sieht man, dass der Hund schon beim Wort in die gewünschte Position geht, bevor man das Handsignal ausführt. Dann macht man die Handbewegung immer unauffälliger und kann sie zum Schluss ganz weglassen. Aber bitte immer noch belohnen – er lernt ja etwas Neues.

„Sitz"

Dieser Welpe folgt der Handbewegung jetzt schon, obwohl die Hand leer ist – er hat das Handzeichen bereits gelernt. Die Belohnung, in der anderen Hand versteckt, wird im richtigen Augenblick gegeben. Hier ist deutlich sichtbar, dass die Handfläche beim Handsignal für „Sitz" nach oben zeigt.

„Platz"

Bei „Platz" deutet die Handfläche nach unten. Das entwickelt sich ganz von selbst, weil die meisten Menschen beim Platztraining die Belohnung unter der Handfläche halten. Ziehen Sie Ihre Hand nach unten und dann nach vorne, bis Ihr Hund ganz auf seinem Bauch liegt. Belohnen Sie schnell, bevor er wieder aufspringt.

„Leg dich"

Damit sich der Hund auf die Seite legt, wird er mit Futter in der Hand langsam in die Seitenlage geführt. Daraus entwickelt sich eine halbkreisförmige Handbewegung. Oft ist es sinnvoll, den Hund am Anfang während des gesamten Bewegungsablaufs an der Futterbelohnung lecken oder knabbern zu lassen.

„Fuß"

Dieser Welpe wird an einer langen Leine geführt und jedes Mal belohnt, wenn er von sich aus in die Nähe kommt und dabei die Leine locker wird. So lernt er mit der Zeit, dass sich das lohnt. Auch das ist eine Möglichkeit, wie man „bei Fuß an der lockeren Leine" üben kann.

„Nimm's"

Das Wort „Nimm's" kündigt an: Futter darf genommen werden. Sehr schnell lernt der Welpe mehrere Dinge:

1. Es lohnt sich, geduldig zu warten.
2. Es lohnt sich, genau auf seinen Menschen zu achten.
3. Signal „Nimm's" bedeutet: annehmen ist erlaubt.

Bei fortgeschrittenem Training wird das Futter dann offen auf der Handfläche präsentiert.

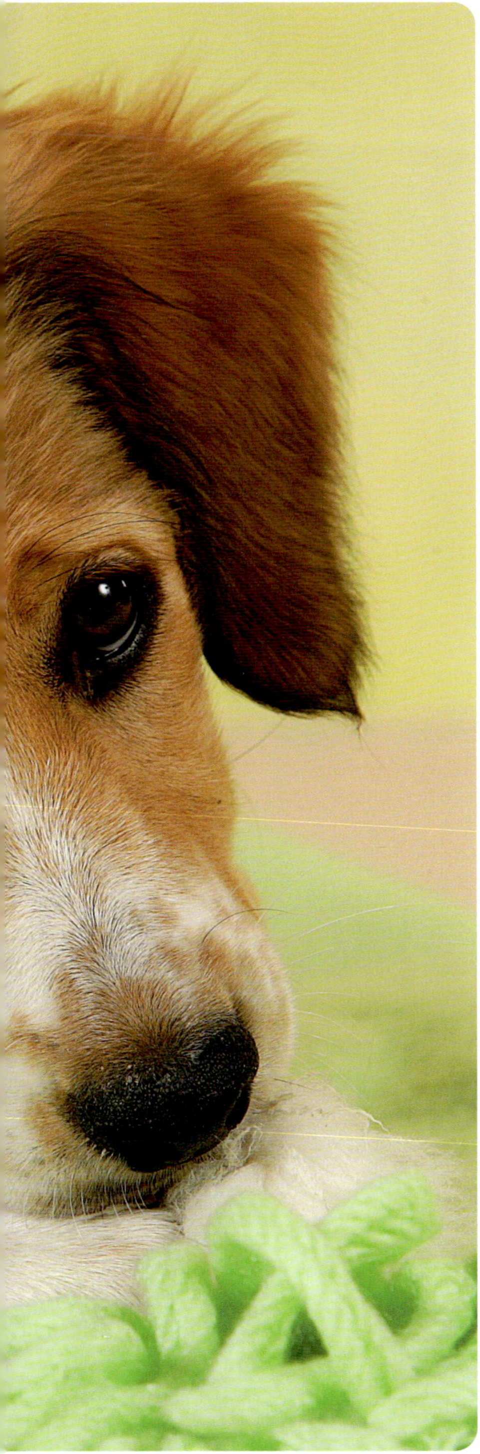

Probleme erkennen und behandeln

Umgang mit unerwünschtem Verhalten

Körperliche Strafen, Gewalt oder sogenannte Korrekturen wenden wir bei Welpen ganz bewusst nicht an. Sie mindern das Vertrauen, verwirren den Welpen und fördern Unsicherheit. Daher sind sie ganz besonders in der Welpenerziehung wenig hilfreich. Zudem kann man als Mensch durch die Fehleinschätzung einer Situation durchaus einmal falsch reagieren. Wenn das passiert, können Sie sich bei Ihrem Hund hinterher leider nicht einfach entschuldigen und erklären, dass oder warum Sie etwas falsch gemacht haben.

Vertrauensbruch

Ein einziger Fehler kann, besonders bei einem jungen Hund, das Vertrauen nachhaltig zerstören und zu Verhaltensproblemen führen. Überdies wirkt eine als Strafe gedachte Handlung auf einen Hund nicht unbedingt als Strafe. Er kann sie auch als Zuwendung wahrnehmen. Damit ist die als „Strafe" gemeinte Handlung für ihn erstrebenswert und verstärkt so das unerwünschte Verhalten.

Entzug von Zuwendung

Ein äußerst wirksames Mittel in der Erziehung ist in diesem Alter der Entzug von Zuwendung. Denken Sie zurück: Beim Hochspringen und dem Erlernen der Beißhemmung wurde unerwünschtes Verhalten „bestraft", indem Sie die Anwesenheit und das Verhalten des Hundes nicht zur Kenntnis genommen und Ihre Zuwendung entzogen haben. Zusätzlich wurde das erwünschte Verhalten in dem Augenblick belohnt, in dem es eintrat, und so verstärkt.

„In die Ecke schicken"

Dies ist eine gesteigerte Form, Zuwendung zu entziehen. Dazu wählt man einen Platz in der Wohnung aus, der keine positiven Dinge wie Zuwendung, Spielsachen oder Futter bietet. An

> ➤ *Konzentrieren Sie sich immer nur auf die Lösung eines Problems. Widmen Sie sich dem nächsten erst, wenn das eine gelöst ist.*

Vertrauensvolles und liebevolles Kuscheln von Halter und Hund.

diesen Platz bringen Sie Ihren Hund, wenn Sie ihm etwas abgewöhnen wollen. So wird ihm für einen kurzen Zeitraum Ihre Gesellschaft und damit alle Zuwendung entzogen. Für ein Lebewesen, das auf Sozialpartner angewiesen ist, ist das sehr unangenehm. Er merkt auf diese Weise, dass sein Verhalten nur Nachteile für ihn hat.

Die Schlafhöhle darf dafür selbstverständlich nicht benutzt werden, da sie Zuflucht, Spielplatz und dadurch ein schöner Aufenthaltsort bleiben soll.

Kurze Auszeit

Sobald Ihr Hund etwas tut, das Sie stört, nehmen Sie ihn nach einem kurzen Wort des Tadels („Schluss jetzt" oder etwas Ähnliches) und bringen ihn rasch an diesen Platz, ohne dabei viel zu sagen. Wichtig ist, dass Ihre Reaktion im richtigen Augenblick erfolgt: am besten noch während er sein unerwünschtes Verhalten zeigt. Jeder zeitliche Abstand der Strafe zum unerwünschten Verhalten vermindert die Wirksamkeit dieser Erziehungsmaßnahme beträchtlich. Beachten Sie ihn nicht mehr, etwa zwei bis fünf Minuten lang. Danach holen Sie ihn wieder, auch jetzt ohne ein tadelndes oder freundliches Wort. Die Sache ist sozusagen erledigt und vorbei.

Manchmal sind Welpen übermütig und zappelig. Sie können noch nicht exakt auf das jeweilige Signal reagieren.

Bleiben Sie ruhig, und führen Sie Ihren Hund mit Geduld und dem entsprechenden Handzeichen in die gewünschte Position, wie hier dem Platz.

Fängt er wieder an, warnen Sie ihn mit demselben Wort, aber wirklich nur einmal! Falls er nicht sofort aufhört, wird die ganze Aktion wiederholt. Benutzen Sie dafür immer dasselbe Wort und denselben Platz. Das unerwünschte Verhalten lässt nach, wenn Sie das Ganze konsequent durchführen.

Guck mal, was ich da mache

Zu viel Aufmerksamkeit im Alltag

In sehr vielen Fällen entsteht unerwünschtes Verhalten erst durch unbewusste und unbeabsichtigte positive Verstärkung von Seiten des Hundebesitzers. Ein Hund, der bellt, winselt oder knurrt, erhält meist eine Reaktion, sei es ein beruhigendes Wort oder die Aufforderung zur Ruhe. Beides kann vom Hund als Zuwendung und damit als Belohnung empfunden werden, weil ihm auf diese Weise Aufmerksamkeit zuteil wird. So wird sein Verhalten unabsichtlich verstärkt.

Jeder fasst Welpen gern an und knuddelt sie. Nicht alle Welpen sind davon begeistert. Das zeigen sie häufig mit Hecheln und abgewandter Körperhaltung. Gewöhnen Sie Ihren Welpen langsam an engeren Kontakt.

Erwünschtes Verhalten

Gehen Sie von Anfang an richtig vor. Machen Sie das Verhalten, das Sie haben möchten, für Ihren Hund selbst erstrebenswert. Reagieren Sie auf ruhiges Verhalten oder wenn er sich selbst mit einem Spielzeug beschäftigt mit einem Lobwort oder sogar einer Belohnung. So können Sie gezielt ruhiges Verhalten fördern, einfach, weil jede Art von Zuwendung verstärkend wirkt. Reagieren Sie, wenn Ihr Hund ruhig irgendwo sitzt oder liegt, und loben Sie ihn. Reagieren Sie nicht bei unerwünschtem Verhalten. Ignorieren Sie z. B. das Bellen, warten Sie ab, bis eine Pause eintritt, und loben und belohnen Sie dann. So verstärken Sie gezielt das ruhige Verhalten, da jede Art von Zuwendung verstärkend wirkt.

Hektik

Hektisches, unruhiges und aufdringliches Verhalten wird fast immer durch den Hundehalter verstärkt, der es durch Lachen, Hinschauen, Anfassen, aber auch durch Tadel für den Hund lohnenswert macht. Auch hier gilt, unerwünschtes Verhalten ignorieren und erwünschtes Verhalten belohnen. Am besten wäre natürlich vorbeugen: Sorgen Sie von vornherein dafür, dass Ihr Hund nicht in Versuchung kommt. Warten Sie also nicht ab, bis Ihr Hund vor Langeweile einfach etwas unternehmen muss, um Sie vor dem Fernseher wegzulocken.

Ängstliches Verhalten

Beim Versuch, durch Trost und Streicheln die Angst zu lindern, kann schnell eine unbeabsichtigte Verstärkung stattfinden, und zwar aus verschiedenen Gründen:

1. Der Hund empfindet das Trösten als angenehm. Die tröstenden Worte wirken in diesem Fall wie eine Belohnung und verstärken so das ängstliche Verhalten – eventuell sogar, ohne dass er eigentlich Angst hat.

2. Das veränderte Verhalten des Menschen verunsichert den Welpen noch mehr und erweckt bei ihm den Eindruck, dass er zu Recht Angst hat.

3. Das tröstende und veränderte Verhalten der Bezugsperson kann bei einem Hund, der im Grunde gar keine Angst hat, die Angst erst auslösen.

Natürlich ist nichts davon wünschenswert. Bleiben Sie daher auch in beunruhigenden Situationen so unbeeindruckt wie möglich und verhalten Sie sich ruhig und gelassen. Zeigen Sie Ihrem Hund dadurch, dass für Angst gar kein Anlass besteht und alles in bester Ordnung ist. Vermeiden Sie so eine unbeabsichtigte Verstärkung seines ängstlichen Verhaltens.

Trennungsangst

Übergroße Abhängigkeit eines Hundes von seiner Bezugsperson kann Bellen, Heulen, Unsauberkeit und Zerstörungswut während der Abwesenheit dieser Person zur Folge haben. Beugen Sie einer solchen Entwicklung vor. Üben Sie von Anfang an, Ihren kleinen Hund allein zu lassen. Beginnen Sie damit, ihn ab und zu erst einmal nur für kurze Augenblicke in einem anderen Raum zu lassen. Schließen Sie einfach die Tür, wenn Sie auf die Toilette gehen, sodass er nicht nachfolgen kann. Gehen Sie unauffällig hinaus, ohne viele Erklärungen oder einen auffälligen Abschied. Es sollte für ihn ein vollkommen selbstverständliches Ereignis werden.

Beim Hochspringen erfolgt keine Reaktion – der Welpe zieht sich, ganz offensichtlich enttäuscht, zurück und setzt sich hin. Wenn jetzt schnell eine Belohnung folgt, lernt er: Hinsetzen lohnt sich – Menschen mögen das gern.

Alleine bleiben

Tipp

Steigern Sie schrittweise die Zeit Ihrer Abwesenheit. Lassen Sie den Welpen vor allem am Anfang nicht über längere Zeiträume allein. Falls er in Ihrer Abwesenheit etwas anstellt, sollte er nicht dafür bestraft werden. Die Erfahrung, dass Ihre Rückkehr mit Unannehmlichkeiten verbunden ist, kann zusätzlich Angst vor Ihrer Rückkehr auslösen.

Häufige Probleme, Ursachen und Hilfestellungen

Leinenspieler

Enge Kontakte an der Leine sind immer riskant, da die Hunde von vornherein in ihrer Bewegungsfreiheit eingeschränkt sind. Die Leinen können sich leicht verheddern und durch zusätzliche Enge oder gar Schmerzerlebnisse kann eine Spielsituation schnell ins Gegenteil umschlagen.

Je früher bei unerwünschtem Verhalten (Bellen, Zerstören von Gegenständen, etc.) sachkundige Hilfe in Anspruch genommen wird, desto größer sind die Aussichten auf Besserung.

Das Gesicht dieses Hundes sagt sehr deutlich: Ich will nicht, dass du näher kommst. Das zeigen die angespannten Lefzen und der Blick, ein sogenanntes Drohfixieren. Ein junger Hund, der sich Menschen gegenüber so verhält, ebenso wie ein auffallend ängstlicher Hund, sollte möglichst frühzeitig sachkundige Hilfe erhalten.

Leinenzerrer

In die Leine beißen und an ihr zerren wird umso lästiger, je größer der Welpe wird. Die Zuwendung, die dieses Verhalten zwangsläufig beim Halter auslöst, verstärkt es meist immer weiter. Also lieber nicht erst abwarten, bis der Welpe selbst aktiv wird und dann an der Leine herumhampelt, weil man sich nicht ausreichend um ihn kümmert.
Üben Sie von Anfang an das richtige Verhalten an der Leine und fangen Sie auf keinen Fall selbst mit Leinenspielen dieser Art an.

Allesfresser

Hunde davon abzuhalten, alles Mögliche zu fressen, ist besonders schwer, da es eigentlich ein ganz normales Verhalten ist. Ein Lösungsansatz besteht darin, den Hund zu lehren, alles gerne wieder herzugeben, was er im Maul hat. Strafen dagegen führen oft dazu, dass der Hund ganz schnell das hinunterschluckt, was er gerade gefunden hat – das könnte gefährlich sein.

Hochspringer

Viele unerwünschte Verhaltensweisen entwickeln sich, weil Hunde sehr schnell merken, dass sie durch bestimmtes Verhalten Reaktionen bei ihren Menschen auslösen können. Das gilt im Prinzip für jede nur denkbare Verhaltensweise. Dazu gehört natürlich auch das Hochspringen am Menschen. Die beste Lösung: Ein erwünschtes Verhalten frühzeitig einüben, z. B. sich hinsetzen.

Schnürsenkelzieher

Kleine Hunde erforschen alles und besonders Dinge, die sich bewegen. Das gilt natürlich auch für Füße und Schuhe – und etwas so Attraktives wie Schnürsenkel. Auch hier gilt: Schenken Sie dem Verhalten keine Beachtung.

Meine Serviceseite

Internet

www.hundund.de
Alles rund um den Hund: Viele Infos über Rassen, Haltung, Pflege, Urlaub und Erziehung.
www.urlaub-mit-hund.de
Sie wollen mit Hund verreisen? Hier finden Sie Urlaubsorte, Ferienwohnungen und mehr.
www.hundeforum.net
Hier können Sie sich mit anderen Hundehaltern und Hundefreunden austauschen.
www.gtvt.de
Kompetenter Rat bei auftretenden Problemen.
www.certodog.ch
Infos über Zucht, Haltung, Pflege & Ernährung

Zum Weiterlesen

Del Amo, Celina, Renate Jones-Baade und Karina Mahnke: **Der Hunde-Führerschein**. Ulmer 2006.

Donaldson, Jean: **Hunde sind anders ... Menschen auch**. So gelingt die problemlose Verständigung zwischen Menschen und Hund. Kosmos 2009.

Fichtlmeier, Anton: **Grunderziehung für Welpen**. Kosmos 2005.

Hoefs, Nicole und Petra Führmann: **Das Kosmos-Erziehungsprogramm für Hunde**. Kosmos 2006.

Jones, Dr. Renate: **Aggression bei Hunden**. Von Besitzanspruch bis Drohverhalten. Kosmos 2009.

Jones, Dr. Renate: **Die Hundeschule – DVD**. (Bezug: Dr. Weber, Clemensstr. 123, 80796 München)

Krämer, Eva-Maria: **Der große Kosmos-Hundeführer**. Mit allen 341 FCI-Rassen und 150 zusätzlichen Rassen. Kosmos 2009.

Pietralla, Martin: **ClickerTraining für Hunde**. Kosmos 2003.

Pryor, Karen: **Positiv bestärken – sanft erziehen**. Die verblüffende Methode, nicht nur für Hunde. Kosmos 2006.

Schöning, Dr. Barbara: **Hundeverhalten**. Verhalten verstehen, Körpersprache deuten. Kosmos 2008.

Schöning, Dr. Barbara: **Hundprobleme**. Erkennen, verstehen und lösen. Kosmos 2011.

Theby, Viviane: **Das Kosmos-Welpenbuch**. Entwicklung und Auswahl, Eingewöhnung und Welpenschule. Kosmos 2004.

Quellen
Baumann, Allan: Pawsitive Dogtraining. Desktop Publishing 1995
Carlson, Neil R.: Physiology of Behaviour. Paramount Publishing 1994
Dunbar, Ian: Dog Behaviour. T.F.H. Publications 1979

Nützliche Adressen

Verband für das Deutsche Hundewesen (VDH)
Westfalendamm 174
D-44141 Dortmund
www.vdh.de

Österreichischer Kynologenverband (ÖKV)
Siegfried-Marcus-Str. 7
A-2362 Biedermannsdorf
www.oekv.at

Schweizerische Kynologische Gesellschaft (SKG)
Brunnmattstr. 24
CH-3007 Bern
www.skg.ch

KOSMOS Infoline

Brigitte Harries hat Verhaltensbiologie und Pädagogik studiert und lebt seit ihrer Kindheit mit Hunden zusammen. Sie betreut die Rubrik „Expertenrat" in bekannten Hundezeitschriften und berät Hundehalter bei allen Fragen rund um den Hund.
Brigite Harries hat den ersten Teil des Buches zur Haltung eines Welpen geschrieben.

Dr. med. vet. Renate Jones ist Tierärztin, hat in Verhaltenskunde promoviert und fast 20 Jahre eine Kleintierpraxis in München betrieben. Seit 2000 arbeitet sie ausschließlich als Tierverhaltenstherapeutin, u.a. als Dozentin bei Seminaren, etwa in der Weiterbildung von Tierärzten. Sie berät Tierhalter zu allen Fragen der Haltung und Erziehung.
Dr. Renate Jones hat den zweiten Teil des Buches zur Erziehung eines Welpen verfasst.

Sie können sich mit Ihren Fragen an unsere Autorinnen wenden. Schreiben oder mailen Sie an die KOSMOS-Infoline.

KOSMOS Verlag
„Hunde-Infoline"
Postfach 10 60 11
70049 Stuttgart
hunde-infoline@kosmos.de

Register

Bildnachweis

Die Farbfotos wurden von Ulrike Schanz angefertigt. Weitere Aufnahmen von Juniors Bildarchiv (S. 4 links), Sabine Stuewer (S. 42) und Sabine Stuewer/Kosmos (S. 68; 69 alle 3).

Impressum

Umschlaggestaltung von eStudio Calamar unter Verwendung von Farfotos von Juniors Bildarchiv/Oliver Giel (Vorderseite) und Sabine Stuewer/Kosmos (Rückseite)

Mit 316 Farbfotos.

Gedruckt auf chlorfrei gebleichtem Papier

Unser gesamtes lieferbares Programm und viele weitere Informationen zu unseren Büchern, Spielen, Experimentierkästen, DVDs, Autoren und Aktivitäten finden Sie unter **kosmos.de**

© 2011, Franckh-Kosmos Verlags-GmbH & Co. KG, Stuttgart
(Das Buch ist ein Doppelband aus den aktualisierten Werken „Welpe" von Brigitte Harries (ISBN 978-3-440-10386-9), © 2007, Franckh-Kosmos Verlags-GmbH & Co. KG, Stuttgart, und „Welpenschule" von Dr.med.vet. Renate Jones (ISBN 978-3-440-10391-3), © 2007, Franckh-Kosmos Verlags-GmbH & Co. KG, Stuttgart)
Alle Rechte vorbehalten
ISBN 978-3-440-12749-0
Redaktion: Alice Rieger und Hilke Heinemann
Redaktion des Doppelbandes: Angela Beck
Gestaltungskonzept: solutioncube GmbH, Reutlingen
Gestaltung & Satz: Atelier Krohmer, Dettingen/Erms
Produktion: Eva Schmidt
Printed in Gemany / Imprimé en Allemagne